长江经济带典型大中城市多源有机固废物质流与能量流

编　著　周爱姣

华中科技大学出版社
中国·武汉

内 容 提 要

本书贯彻"共抓大保护、不搞大开发"的发展战略,响应"无废城市"的国家"双碳"目标,基于物性模型完备的 Aspen Plus 稳态流程模拟系统建模,结合物质流与能量流耦合分析多源有机固废处理工艺中的过程态,探讨了长江经济带有机固废资源化关键技术、精细化优化模式和区域化产业增效。

本书从多方位研究了多源有机固废协同运作模型的效能和影响因素,在热解制炭、焚烧发电、水泥窑协同、厌氧发酵等工艺基础上,量化多源有机固废处理的无害化和精细化过程,节约资源消耗、降低碳源排放和提升产业效益,探讨有机固废资源—能源—循环的可持续发展路径。本书基于"两园一链"静脉经济综合体的新模式,聚焦探索集约式综合固废污染治理产业园的建设,在多角度解析协同模式下研究园区资源的利用效率和能量流动路径,为实现有机固废全链条精准化治理和资源化利用奠定基础。

希望本书能为从事多源有机固废资源化研究的相关人士及团体提供数据支持及工艺优化思路。

图书在版编目(CIP)数据

长江经济带典型大中城市多源有机固废物质流与能量流/周爱姣编著. —武汉:华中科技大学出版社,2024.1
ISBN 978-7-5772-0279-2

Ⅰ. ①长… Ⅱ. ①周… Ⅲ. ①长江经济带-城市-有机污染物-固体废物处理-研究 Ⅳ. ①X705

中国国家版本馆 CIP 数据核字(2023)第 236167 号

长江经济带典型大中城市多源有机固废物质流与能量流
Changjiang Jingjidai Dianxing Da-zhong Chengshi Duoyuan
Youji Gufei Wuzhiliu yu Nengliangliu

周爱姣　编著

策划编辑:王新华
责任编辑:李　佩
封面设计:廖亚萍
责任校对:林宇婕
责任监印:周治超
出版发行:华中科技大学出版社(中国·武汉)　　电话:(027)81321913
　　　　　武汉市东湖新技术开发区华工科技园　　邮编:430223
录　　排:华中科技大学惠友文印中心
印　　刷:武汉市洪林印务有限公司
开　　本:710mm×1000mm　1/16
印　　张:14
字　　数:290 千字
版　　次:2024 年 1 月第 1 版第 1 次印刷
定　　价:48.00 元

前　言

　　本书是一本致力于探索长江流域生态保护与资源发展问题的图书。长江经济带具备承载人口和产业集群的区位优势，蕴藏着丰富的生态资源。然而，长期以来长江流域固废污染对生态环境的破坏与资源浪费问题难以解决。为此，本书旨在通过研究长江经济带的多源有机固废处理工艺的精细化治理与资源化利用，探索可持续发展的产业模式，为实现长江流域的生态优先绿色发展提供方案。

　　立足于"无废城市"建设的国家区域发展战略，本书的编写得益于国家重点研发计划课题——多源有机固废物质流能量流特性及转化利用与污染防控耦合机制（2019YFC1904001），以及中华人民共和国科学技术部及其他相关部门和专家学者的大力支持与合作。本书从长江经济带的生态环境现状出发，深入分析了固废污染治理的紧迫性与重要性，从长江经济带的能源消费与资源利用的视角，探讨了如何实现长江经济带的资源、能源梯级循环利用和全链条高效节约，以推动经济增长与生态环境的协调发展。

　　本书以长江经济带大中城市产生的固废垃圾为研究对象，基于 Aspen Plus 软件，通过物质流与能量流耦合分析，对热解、焚烧、水泥窑和厌氧发酵处理线输入输出的物质流与能量流进行研究；量化工艺中物质和能量变化过程，深入探讨有机固废精细化控制模式；结合国家"双碳"目标，对典型元素的归趋进行跟踪；基于长江经济带示范工程，提出集约式综合固废污染治理产业园理念与实施方式；多方面探讨了循环经济产业园区的产能和运作模式，为多源有机固废集群化、高效化和资源化提供参考。

　　希望本书能够为政府决策者、研究机构、企事业单位等提供有关长江经济带生态治理与资源化利用的数据支持和实践指导。"路漫漫其修远兮，吾将上下而求索"，通过不断深入研究和交流，我们相信可以找到更多解决长江经济带生态环境问题的有效途径，实现经济发展与生态环境保护的良性循环。

　　在此衷心感谢所有关心和支持长江经济带生态治理与资源化利用的人士和团体，感谢课题参与单位为本书提供的技术指导，感谢本课题组成员魏楚韵、刘国庆、张金泰、王柏淳、黄子瑞等同学在资料收集整理、编写、研究、校对等过程中付出的努力，感谢长江经济带固废处理相关企业提供的数据支持。期待各界继续关注、参与和推动长江流域的保护与发展工作，共同创造美好的生态环境和可持续发展的未来。

　　由于作者水平有限，书中疏漏与错误之处在所难免，恳请读者不吝指正，万分感激！

周爱娆

目　　录

第 1 章 绪 论

1.1 研 究 背 景

2016 年,习近平总书记提出以"共抓大保护、不搞大开发"为核心理念的长江经济带发展战略。2020 年 11 月,总书记在全面推动长江经济带发展座谈会上提出长江经济带成为我国生态优先绿色发展主战场、畅通国内国际双循环主动脉、引领经济高质量发展的主力军。这些理念为长江经济带的保护与发展提供了思想指引和行动指南,必将有力推动长江经济带建设迈入新的更高的发展阶段。在"无废城市"建设与国家区域发展战略中,长江经济带固体废弃物(以下称"固废")污染治理成为长江流域生态环境保护修复工作的重要一环。

随着我国社会的不断发展,人民生活水平逐渐提高,生产、生活中产生的各类固废日益增多。长江经济带是我国重要的重化工聚集区,钢铁、电力、金属冶炼、石油化工等生产活动产生了大量工业固废,2020 年长江经济带 11 省市固废产生及综合利用情况见表 1-1。2020 年,长江经济带 11 省市产生工业固废 101876 万吨,约占全国的 27.72%;工业固废综合利用量约为 67320 万吨,约占全国的 33.03%;工业固废综合利用率为 66.08%,高于全国 55.45% 的水平;江苏、安徽、江西、四川、贵州工业固废产量超 10000 万吨,其中江西、四川两地工业固废综合利用率低于 50%,处于较低水平;除重庆、贵州外,其余省市生活垃圾无害化处理率均达到 100%;长江经济带 11 省市产生农林废弃物 76415.8 万吨。从空间上看,长江经济带农林废弃物的排放主要来源于人口较多、农业集约化水平较高的地区,输出较大的 3 个地区为江苏、四川、湖北。总体而言,相较于在全国经济中的比重,长江经济带工业固废产量低于全国平均水平,工业固废综合利用及生活垃圾无害化处理情况总体优于全国。而固废中的有机物含量占比约 28%,有机物无害化的过程中应充分考虑其资源化,回收再利用其中的生物质能源。

表 1-1 2020 年长江经济带 11 省市固废产量及综合利用情况

区 域	工业固废产量/万吨	工业固废综合利用率/(%)	生活垃圾清运量/万吨	生活垃圾无害化处理率/(%)	农林废弃物产量/万吨
上海	1809	94.09	955.1	100	468.7
江苏	11870	91.54	1903.6	100	12486.1

续表

区　　域	工业固废产量/万吨	工业固废综合利用率/(%)	生活垃圾清运量/万吨	生活垃圾无害化处理率/(%)	农林废弃物产量/万吨
浙江	4591	99.02	1531.1	100	3479.3
安徽	14012	85.83	714.9	100	8272.1
江西	12083	45.50	567.5	100	4873.7
湖北	8987	68.74	1075.7	100	9673.6
湖南	4360	75.00	868.5	100	9509.9
重庆	2272	84.02	670.3	93.8	4298.1
四川	14903	37.95	1267.6	100	11686.9
云南	9516	69.46	546.9	100	6035.6
贵州	17473	51.85	393.6	97.8	5631.8
长江经济带	101876	66.08	10494.8	—	76415.8
全国	367546	55.45	24869.2	99.7	—

　　长江经济带是我国重要的人口与产业承载区,能耗总量巨大。2020 年,长江经济带能耗总量达到 17.95 亿吨,约占全国能源消费总量的 39.4%。从各省市能耗来看,江苏、浙江、四川能耗总量位居前三,均在 2 亿吨标准煤以上,湖北、湖南等省市能耗总量为 1 亿~2 亿吨标准煤,江西、重庆能耗总量在 1 亿吨标准煤以下(图 1-1)。从能耗强度看,云南、贵州能耗强度远高于其他省市,上海、江苏、重庆等相对较低。从电力消费情况看,长江经济带下游省市是主要电力消费地区,但单位 GDP 用电量总体低于上游地区;与全国平均水平相比,长江经济带单位 GDP 用电量降幅小于全国平均水平(表 1-2)。长江经济带能耗与经济发展水平、产业结构关系密切,能源利用

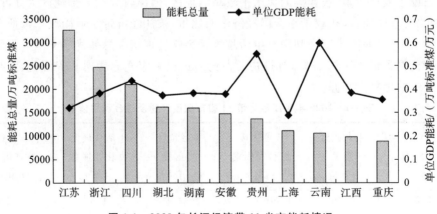

图 1-1　2020 年长江经济带 11 省市能耗情况

效率提升趋势仍未得到根本扭转,资源节约集约及循环利用水平仍有待提升。在"双碳"目标下,长江经济带需要坚持科技赋能,推动环境生态治理技术创新水平不断提升,实现经济增长与生态环境的协调发展。

表 1-2 2020 年长江经济带电力消费情况

区 域	电力消费量 /亿千瓦时	单位 GDP 用电量 /(千瓦时/万元)	单位 GDP 用电量变化 (相较于 2019 年)/(%)
上海	1750	404.95	0.12
江苏	7101	610.24	−1.57
浙江	5514	750.04	0.45
安徽	2715	632.00	−0.93
江西	1863	628.97	−0.33
湖北	2472	494.27	−0.86
湖南	2155	467.84	0.75
重庆	1341	480.75	1.51
四川	3275	608.16	2.96
云南	1743	889.90	0.21
贵州	2138	787.57	−4.50
全国	77620	684.94	−8.01

长江经济带有机固废污染治理立足于长江生态环境保护修复,发挥产业优势,为有机固废精准污染治理提供技术支撑。大量研究表明,生物质能源在发电以及乙醇、航油、柴油、新型固体燃料、沼气生产等方面,均具有突出的减排效果。然而,我国有机固废实际转化为能源的量不足总量的 50%,对于有机固废的不当管理不仅会加剧环境破坏,而且会迫使国家投入更多资源进行补救。有机固废资源化增效存在很大提升空间,固废生态产品价值实现机制有待探索,区域固废处置需以良好的商业运营模式为依托。

为此,中国节能环保集团有限公司从静脉经济出发,提出了"两园一链"静脉经济综合体的新模式:重点建设集约式综合固废污染治理产业园、分布式有机固废污染治理生态园和环境物流链。集约式综合固废污染治理产业园基于专门的固废处理基础设施,包含焚烧发电系统、资源化利用系统、兜底填埋场三部分,能够实现对城市各类固废进行保底处理。分布式有机固废污染治理生态园主要用于处理城市与农村不适合长距离运输的有机废弃物,将有机固废转化为生态化产物回归自然,实现生态循环利用。环境物流链由智能收运系统、转运系统、云平台、绿色物流车四部分组成。《长江经济带生态环境保护规划》(2017 年)指出,长江经济带需重点关注建设集约式综合固废污染治理产业园,实现干垃圾与湿垃圾、城市各类有机固废协同处理,保证应急状态下的固废处理安全,控制长江经济带地区环境污染,有序推进实现煤炭消费总量负增长。集约式综合固废污染治理产业园采用集约式协同处理方法,可对生活垃圾、餐厨垃圾、污泥等有机固废进行系统处理,并对外输出再生能源,如沼气、蒸汽发电等。

长江经济带有机固废污染综合处理技术创新会影响到工艺技术中物质和能量特性的变化,为了解长江经济带固废处理工艺中物质流动的源、路径及汇的过程和基于物质的能量输入和输出关系,分析系统技术面的处理资源成本、效能和能量利用效率,有机固废运作模式需要精准化掌控工艺中的过程态。采用物质流与能量流分析资源环境效应评价方法,量化有机固废资源化过程对环境的影响,对动态的资源化过程加以优化和改进,为有机固废资源化利用提供技术参考,以更好地利用有机固废,有效减少温室气体排放,探索运行模式,提升产业效益,实现资源、能源梯级循环利用和全链条高效节约,为实施碳达峰、碳中和战略提供依据。

1.2　长江经济带大中城市有机固废特性

有机固废热值与其组成成分密切相关,而有机固废的成分受当地的气候、生活习惯、经济发展水平等因素影响较大。为分析长江经济带大中城市有机固废的湿热特性,选取长江上、中、下游五个典型城市,如上游城市重庆市,中游城市黄石市、鄂州市、武汉市,下游城市杭州市,涵盖了大中城市,通过收集长江经济带不同区域有机固废理化特性,分析该区域有机固废热值、组成成分的共性及特性,对有机固废特性的变化规律进行深入分析,对实现固废资源化利用具有重要意义,可为长江经济带固废污染治理提供参考。

有机固废按照其来源主要可分为生活源、农林源及工业源,具体分类如表 1-3 所示。

表 1-3　有机固废分类

来　　源	主　要　组　成
生活源	生活垃圾、市政污泥等
农林源	农作物秸秆、松木、畜禽粪便等
工业源	各类工业有机废渣、食品加工垃圾等

据统计,近年来我国大中城市生活垃圾年产量已达到 2.4 亿吨,市政污泥年产量约为 0.4 亿吨,农作物秸秆及畜禽粪便年产量接近 48.0 亿吨,工业源固废年产量接近 14.0 亿吨。自然环境难以容纳大量的有机固废,无序、不系统的处理又会引发环境问题,影响国民经济,而充足的有机固废资源具备转化为能源利用的潜力,为我国发展有机固废高效利用转化技术提供了来源可能。

本书选取长江经济带具有代表性的生活源有机固废(生活垃圾、厨余垃圾、市政污泥、餐厨垃圾)、工业源有机固废(造纸废渣)、农林源有机固废(农林废弃物)为分析对象,对比分析有机固废热值随地理区域、固废类型变化的关系,探究各类有机固废的湿热特性,为后续三条热线(热解、焚烧、水泥窑协同处理)、一条生物线(厌氧发酵)协同处理有机固废物质流与能量流分析提供数据支持。

多源有机固废组成规律及处理技术数据主要来源于统计年鉴和文献、现场调研数据。

(1) 数据来自政府信息及国家信息公开查询数据,包含环境相关政策法律法规、标准信息、省市社会经济统计公报和发表的文献等,来自中华人民共和国生态环境部、省市县级政府信息公开等途径。

(2) 通过查阅《中国统计年鉴》,可知城市基础信息。重庆市、武汉市、杭州市、鄂州市、黄石市五个城市的基础数据包括人口数量、人口密度、环境保护相关数据等,用于预测多源有机固废产量。

(3) 对重庆市、武汉市、杭州市、鄂州市、黄石市现场调研取样,并对取样进行监测分析。有机固废热值的测定使用仪器直接测定法,由氧弹式量热仪直接测定,其测定值为弹筒热值。弹筒热值经过换算后可转换为低位热值。三条热线有机固废特性用工业分析、元素分析表达。生物线有机固废特性用糖、蛋白质、油脂含量表达。利用元素分析仪(德国 Elementar 公司,型号 Vario Micro Cube)对收集到的多种原料进行元素分析,测定 C、H、N、S 等元素的含量,O 含量通过差减法计算。工业分析根据《固体生物质燃料工业分析方法》(GB/T 28731—2012)以及《煤的工业分析方法》(GB/T 212—2008)对所收集的工业源有机固废、生活源有机固废、农林源有机固废工业分析数据进行测定,其中原料的水分、挥发分及灰分可以直接测定,而固定碳需通过差减法计算获取。糖、蛋白质、油脂的测定参照《食品安全国家标准 食品中淀粉的测定》(GB 5009.9—2016)第一法、第二法。

1.2.1 主要有机固废构成

1.2.1.1 生活源有机固废

1. 生活垃圾

我国对垃圾分类的重视程度越来越高。城市生活垃圾体系的建立处在发展的初级阶段,受废弃物特性和组成在空间属性上的差异影响显著。重庆市生活垃圾物理组成以易腐类为主(占比约 50%),其余为纸类、塑胶类、纺织类、木竹类、灰土类、砖瓦陶瓷、玻璃类、金属类、其他类和混合类。武汉市、黄石市、鄂州市生活垃圾物理组成包括煤灰、纸张、塑料、厨渣、玻璃、毛骨、橡胶皮革、果皮、陶瓷砖石、金属、纺织纤维及木质杂草等。武汉市生活垃圾可回收废弃物中的纸张、塑料、玻璃和毛骨的年变化率较大,呈增长趋势,橡胶皮革、金属与纺织纤维的年变化率相反。杭州市生活垃圾被分为可回收废弃物、易腐废弃物、有害废弃物和其他废弃物。长江经济带大中城市(重庆市、武汉市、杭州市、鄂州市和黄石市)生活垃圾精细化分类管理不均衡,存在显著的地域差距和细分领域差异。通过查阅《中国统计年鉴》和各城市生态环境局披露的数据,重庆市、武汉市、杭州市、鄂州市和黄石市生活垃圾无害化处理率均为100%。重庆市生活垃圾产量从2010—2021年,由445.00万吨增加到907.00万吨,增长了103.82%,年均增长率为6.69%;武汉市生活垃圾产量从2010年的219.00万吨增加到2021年的450.14万吨,增长了105.54%,年均增长率为6.77%;鄂州市生活垃圾产量从2018年的20.07万吨增加到2021年的26.77万吨,增长了33.38%,年均增长率为10.08%;黄石市生活垃圾产量从2019年的22.20万吨增加到2021年的57.34万吨,增长了158.29%,年均增长率为60.71%;杭州市生活垃圾产量从2010年的250.12万吨增加到2021年的474.20万吨,增长了89.59%,年均增长率为5.99%。其中黄石市年均增长率最高,其次是鄂州市,主要原因是中型城市政府近年对生活垃圾的处理与管理愈加重视,处于快速发展阶段。另外重庆市、武汉市、杭州市、黄石市、鄂州市五个长江经济带城市的生活垃圾产量大,且处于持续增长态势,对有机固废处理技术规模的需求也逐年递增。

2. 市政污泥

污水处理过程中会产生大量污泥,对后续的污泥减量化和资源化提出了挑战。污泥中的可溶有机物通常来源于进水、生物废水处理过程中颗粒化合物的细胞裂解和水解,以及一些生化和化学难降解化合物的不可生物降解的残留物。污泥中的有机物包括蛋白质、糖、脂质等。长江经济带大中城市(重庆市、武汉市、鄂州市、黄石市和杭州市)正在不断完善污水收集处理设施建设,污水收集和处理能力稳步提升,污泥基本实现无害化处理。重庆市2020年污泥产量约为107.4万吨(平均2934吨/天),2021年污泥产量增长到121.77万吨(平均3336吨/天),无害化处理率从95.5%增长到98%,通过建材利用、土地利用、焚烧与协同处理、卫生填埋和热干化处理污泥。2021年武汉市城镇污水处理厂共产生污泥65.45万吨,无害化处理率为100%,主要处理方式为建材利用、土地利用、焚烧和填埋等,污泥处理能力合计1793吨/天。黄石市2020年市政污水厂污泥产量为4.14万吨,2021年市政污水厂污泥产量为2.70万吨,2022年市政污水厂污泥产量为4.55万吨,年均产量为3.80万吨,全部转移至华新环境工程公司(黄石)处理,无害化处理率为100%。根据《鄂州市"十四五"固体废物污染环境防治规划(2021—2025年)》,鄂州市2020年污泥产量为1.7万吨,无害化处理率为88.2%~96.1%,为实现污泥减量化、无害化、稳定化,利用焚烧、炭化处理。杭州市2010—2021年污泥产量为77万吨/年。从产量来看,不同城市市政污泥产量与城市人口呈正相关。

3. 餐厨垃圾

餐厨垃圾是一种可生物降解的有机固废,主要来自家庭、食品加工、餐饮等行业。餐厨垃圾的成分复杂,与饮食习惯、生活方式、气候、地域、文化、环境、风俗和历史等多种因素相关。餐厨垃圾含水率一般在80%以上,容易受到微生物发酵的影响,不适合长期储存。餐厨垃圾中的碳元素含量为 40.0%~60.0%,氢元素含量为 5.0%~13.0%,氮元素含量为 1.5%~6.0%,氧元素含量为 17.0%~41.0%。餐厨垃圾的三大主要组成是蔬菜水果、肉类和谷类食品。同时,糖、油脂和蛋白质是餐厨垃圾中的主要有机成分,分别占 35.1%~67.0%、10.0%~35.0% 和 7.0%~27.8%。长江经济带大中城市(重庆市、武汉市、杭州市、黄石市和鄂州市)餐厨垃圾处理和资源化利用目前仍处在发展的初级阶段。重庆市 2011 年处理餐厨垃圾 23.1 万吨,2021 年处理餐厨垃圾 120.4 万吨,处理能力增长了 4.2 倍。2016 年武汉市的餐厨废弃物收运和处理工作有序推进,处理餐厨垃圾 3.99 万吨,2021 年处理餐厨垃圾 29.41 万吨,处理能力增长了 6.4 倍,餐厨废弃物综合利用率保持 100%,处理工艺主要为厌氧发酵。鄂州市 2021 年餐厨垃圾产量 5.29 万吨(日均产生 145 吨),由市环卫中心和各区餐厨垃圾处理中心集中处理。黄石市 2021 年处理餐厨垃圾 3.6 万吨,相较于其他城市较小。截至 2020 年 6 月,杭州市建成四座餐厨处理项目,日处理规模为 1450 吨,实现餐厨垃圾处理全覆盖的目标,可知杭州市餐厨垃圾产量为 53.0 万吨/年。

1.2.1.2 工业源有机固废

工业源有机固废主要包括糖厂、啤酒厂、食品厂、药剂厂、制革厂、造纸厂、印染厂、木材厂等排放的废料中的固体物或废液中的沉积物。中国是造纸大国,中国造纸行业固废的年产量高达 0.3 亿吨,其中,造纸废渣占 0.15 亿吨。造纸行业亦广泛分布于长江经济带地区,如江苏、浙江、湖北、重庆等,故主要对工业源有机固废中造纸行业产生的废渣进行统计。2020 年中国纸及纸板产量超过 100 万吨的省市分布如图 1-2 所示。

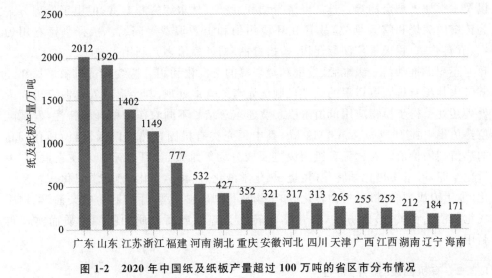

图 1-2 2020 年中国纸及纸板产量超过 100 万吨的省区市分布情况

造纸生产过程中不同的工序会产生不同种类、不同形式、不同性质的废料,它们最终混合形成废渣污泥。造纸废渣根据不同工序可分为碱回收白泥、脱墨污泥、废水处理污泥。其中碱回收白泥主要成分为碳酸钙,属于无机固废。脱墨污泥、废水处理污泥属于有机固废,主要成分是木质素、糖和盐,有一定的利用价值,尤其是木质素和糖。此外,造纸废渣中含有的木质、纸头和油墨渣等有机可燃成分,具有一定热值,可进行能量回收。

造纸固废处理不当极易造成环境污染,如脱墨污泥中包含重金属成分,这些成分的蓄积将会给环境造成长远的破坏和影响。了解造纸固废的特性有助于选择处理方法,以进行资源化利用。

此外,随着中药行业的持续稳定发展,中药渣产量日益增加,年产量达 6000 万～7000 万吨,如何对这类废弃物进行妥善处理和综合利用是中药行业可持续发展面临的突出难题。实际上中药渣一般属于生物质类有机固废,富含有机物及植物所需的氮、钾等营养元素;周昀对 62 种中药渣进行了工业分析,样品平均含水率为 9.2%,薏苡仁样品的平均含水率最高,为 14.33%。中药渣含水率较低,热值较高,中药渣样品低位热值的平均值为 17.87 MJ/kg;中药渣样品灰分含量的平均值为 5.57%,挥发分含量较高,均值达到 70.98%,高挥发分含量的中药渣非常适合热化学转化利用。中药渣富含纤维素、木质素等有机组分,故具有一定的资源化利用价值,例如用作肥料、饲料、通过热解生产固体(焦炭)、厌氧发酵产沼气等。

1.2.1.3　农林源有机固废

长江经济带农林源有机固废资源丰富,2020 年农田固废产量约为 7.6 万吨,农林源有机固废是农业生产的副产物,主要包括农业生产过程中产生的废弃物,如农作物收获时残留在农田内的农作物秸秆,农作时使用的农膜、畜禽粪便、采伐剩余物以及木材加工剩余物等。长江经济带秸秆、粪便、林木等资源丰富,但由于处理方式为传统的焚烧和露天堆放,故存在环境污染和资源浪费等问题。秸秆坚持农用为主、五料并举,积极推广深翻还田、捡拾打捆、秸秆离田多元利用等技术。对于粪便,政府正积极推动县一级堆肥、发酵和焚烧等的资源化利用可持续运行机制。长江经济带农林源有机固废资源的处理机制优先考虑就地处理,其余形式农林源有机固废处理还处于初步摸索应用价值阶段。贾建东总结了不同农作物秸秆的特性,发现高位热值集中在 16.1～28.49 MJ/kg,其中稻壳类有机固废热值偏低,但仍具有较高的热值利用价值。农林源有机固废主要成分为纤维素、半纤维素和木质素,含有大量化学能,可采用热化学转化(焚烧、热化学液化、热化学气化、热化学炭化)、物理转化(加工为成型燃料)和生物转化(如生物液化制燃料乙醇、丁醇和生物柴油,生物质气化制沼气和氢气)的方法,将化学能转化为热能或高品质的能源物质而实现再利用。

1.2.2　有机固废"湿热"特性

对长江经济带典型生活源有机固废、工业源有机固废、农林源有机固废进行分析,对象包括生活垃圾、餐厨垃圾、市政污泥、造纸废渣、农林废弃物。收集的资料显示,生活垃圾、餐厨垃圾、市政污泥含水率及热值随着城市的变化而变化,具体如图1-3 所示。

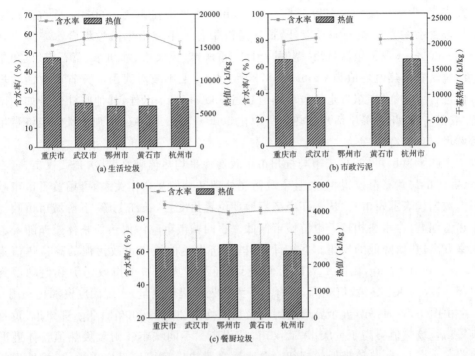

图 1-3 长江经济带不同城市有机固废含水率及热值

由图 1-3(a)可知,重庆市生活垃圾平均热值最高,其次是杭州市、武汉市、鄂州市、黄石市。不同城市生活垃圾热值整体遵循随着含水率升高热值降低的规律,但同等含水率的情况下,重庆市生活垃圾热值远远大于杭州市。为进一步分析影响生活垃圾热值的内在机理,对不同城市的生活垃圾进行工业分析(表 1-4)。

表 1-4 生活垃圾特性分析结果

	热值/(kJ/kg)	挥发分含量/(%)	灰分含量/(%)	有机物含量/(%)	固定碳含量/(%)	硫含量/(%)
重庆市	12878~14200	34.55	5.64	72~86	3.3	0.32~0.48
武汉市	5900~7600	63.97	10.82	68~79	17.27	0.16
鄂州市	5500~6900	41~52	8~12	71~84	21~25	0.18~0.26
黄石市	5500~6900	41~52	8~12	71~84	21~25	0.18~0.26
杭州市	6500~8000	15~20	20~30	65~80	5.0	0.2~0.4

对比各城市生活垃圾热值与工业分析数据发现,随着生活垃圾固定碳含量的增加,生活垃圾热值降低,重庆市生活垃圾热值较高主要有以下两个原因:①相较于武汉市、鄂州市、黄石市,生活垃圾含水率低;②固定碳含量低使得生活垃圾热值较高。研究表明,生活垃圾含水率为45%～66%,并主要集中在50%～60%。除杭州市生活垃圾含水率为50%～55%以外,长江经济带各大中城市生活垃圾含水率集中在55%～60%,体现了生活垃圾"湿"的特性。重庆市、武汉市、鄂州市、黄石市、杭州市生活垃圾总体热值均值为7255.6～8720 kJ/kg。王小波对我国部分省市生活垃圾特性进行统计,除广东省生活垃圾热值超过7000 kJ/kg以外,其他临江省份如湖南省、安徽省、四川省等生活垃圾热值集中在5000～7000 kJ/kg,体现了长江经济带生活垃圾"热"的特性。

由图1-3(b)可知,重庆市与杭州市市政污泥平均热值较高,其次是武汉市、黄石市(鄂州市与黄石市位置相邻,且市政污泥处理又是相互合作关系,可用黄石市市政污泥数据代表鄂州市)。从长江经济带地理位置角度看,长江上游、下游城市市政污泥热值偏高,含水率相较于中游城市偏低。不同城市市政污泥热值整体遵循随着含水率升高,热值降低的规律。据统计,我国经济发达的城市市政污泥的高位热值为9523～14431 kJ/kg,由图1-3(b)可知,长江经济带大中城市市政污泥热值均值为9475～17000 kJ/kg,数值偏高,更有利于为热处理提供热量,实现固废资源化利用。

由图1-3(c)可知,五个城市餐厨垃圾热值均为2000～3000 kJ/kg,鄂州市、黄石市餐厨垃圾热值略高于重庆市、武汉市、杭州市。不同城市餐厨垃圾热值整体遵循随着含水率升高,热值降低的规律。含水率高是决定餐厨垃圾应单独收运、处理的重要因素之一。研究表明,餐厨垃圾通常含水率可高达70%～90%,王桂琴等人对北京市朝阳区餐厨垃圾特性进行分析,样本的含水率均值为71.67%。据统计,长江经济带各城市餐厨垃圾含水率高于82%,说明长江经济带餐厨垃圾含水率较高。

各城市造纸废渣含水率为45%～70%,热值为12000～14310 kJ/kg,不同城市间变化不大。综上所述,生活垃圾、市政污泥、造纸废渣的热值整体上远高于餐厨垃圾,更适合焚烧、厌氧发酵处理以及水泥窑协同处理;餐厨垃圾有机物含量高,更适合厌氧发酵处理,实际的固废工艺协同处理需要搭建适宜的方法论模型分析固废产品的工艺过程态实际效能。

1.3 多源有机固废处理现状

1.3.1 有机固废处理技术

常见有机固废处理技术主要分为三类:物理处理、生物处理及热处理,具体处理方法如表1-5所示。

表 1-5 有机固废处理技术及产物

处 理 类 型	处 理 方 法	产 物
物理处理	卫生填埋	—
生物处理	好氧堆肥	肥料、土壤改良剂
	厌氧发酵	沼渣、沼气
热处理	焚烧	热能、残渣
	热解	生物燃料
	水泥窑协同处理	熟料

生活垃圾常见处理与资源化方法包括填埋产生沼气以满足未来的能源需求、堆肥作为肥料、焚烧发电进行供电和供热；高温分解生成木炭、燃料油、合成气，用于制造工业中使用的化学品和溶剂；气化、厌氧发酵产生沼气以满足未来的能源需求，乙醇发酵、机械生物处理、微生物燃料电池产生氢气（可以将任何可生物降解的废弃物转化为氢气）等。

餐厨垃圾处理主要有热化学过程、填埋、生物处理等。热化学过程可以产生热量、电力、沼气、生物质炭、生物油和其他有价值的产品，主要分为四种类型：焚烧、气化、水热液化和热解。然而，焚烧餐厨垃圾会产生有毒有害气体；餐厨垃圾气化需要高能源投入和运营成本，而水热液化餐厨垃圾则存在资金成本高、安全性低、反应过程不可观察等缺点。餐厨垃圾含水率较高，不适合利用填埋技术处理，且填埋可能造成水土污染和占用大量土地。生物技术有堆肥和厌氧发酵。堆肥可以将餐厨垃圾转化为肥料，但需要大量土地、较长的反应时间，会产生恶臭、渗滤液和有毒气体，并容易因重金属和有机物造成二次污染。将餐厨垃圾用作生物肥料，在改善土壤性质和提高农业生产力方面具有巨大潜力。厌氧发酵可将餐厨垃圾转化为清洁环保的能源——沼气，有助于缓解日益严重的全球能源和环境危机。餐厨垃圾的其他回收技术和应用也正在被广泛研究，如将餐厨垃圾开发成可持续和环保的能源（沼气、生物乙醇和生物柴油等）。

污泥（市政污泥、造纸废渣）处理技术包括填埋、焚烧、热解、水泥窑协同处理和厌氧发酵。焚烧处理污泥可以回收能量（如产生电力和热力），但焚烧设施和脱水工艺的成本可能较高。污泥单次热解存在热解不完全、挥发分提取不充分、污泥含灰量多和挥发分少等问题，产品应用性能较差。厌氧发酵技术的优点是可将有机固废转化为沼气，用于燃烧产热发电，或处理为可再生天然气等燃料。缺点则是后续沼液、沼渣处理较难，一次性成本投入高，管理及过程控制麻烦。填埋处理造纸废渣管理成本较高且会造成环境污染。

中药渣处理方式包括农业种植利用、用作养殖业饲料添加剂、热解、厌氧发酵产生沼气等。中药渣既含有大量微量元素、蛋白质和纤维素，又具有通气性好且质轻的特点，故可用作生物有机肥。添加中药渣可有效提高畜禽免疫力，改善肉质，提高鱼苗存活率等。回收还田可有效利用中药渣,但效率以及产值较低。热解、厌氧发酵处理中药渣,可使中药渣资源化、无害化,产生更高产值的高品质能源。

根据国家乡村振兴局综合司印发的《农村有机废弃物资源化利用典型技术模式与案例》和实际调研,农林废弃物常用处理技术包括厌氧发酵、好氧堆肥和热解处理。好氧堆肥在高温(55 ℃以上)下反应,可以达到灭活病原菌效果;发酵产物腐熟后可还田利用,也可用于生产有机肥、栽培基质等;该技术模式自动化水平较高,便于臭气、渗滤液等污染物收集处理,但反应时间长。厌氧发酵常见的有湿法厌氧发酵和干法厌氧发酵,需配套原料预处理设施、进料设备、储气柜、沼肥储存设施等;厌氧发酵可产生再生能源沼气,沼气经过净化、提纯处理后可作为清洁能源使用,沼肥可还田利用或生产有机肥。该技术模式资源化利用率较高,但对稳定运行、安全管理等技术要求较高,适合原料供应充足、清洁能源需求大、农田消纳能力强的地区。利用中低慢速热解技术将农林废弃物中生物质在隔绝氧或低氧环境中热解,可生产生物质炭、热解油和不可冷凝气体产物,使农林废弃物得以高效利用;但生物质热解产生的生物油不稳定,易老化变质,且成分复杂难以分离提纯,另外热解过程产物价值较低,产品缺乏市场竞争力。

综上所述,有机固废高效处理技术包括热解、焚烧、水泥窑协同处理、好氧堆肥、厌氧发酵。协同好氧堆肥、协同厌氧发酵、协同热解、协同焚烧、水泥窑协同处理技术的优缺点对比如表1-6所示。

表 1-6　各协同处理技术优缺点

类　别	优　点	缺　点
协同好氧堆肥	可实现固废减量化,有效利用固废中可降解有机物	堆肥过程会产生臭气,养分损失较大,尤其是氮元素,土壤改良作用欠佳
协同厌氧发酵	产生沼气回收能量,温室气体排放低,污染低,投资和运营成本较低	配比不合适时会导致沼气产量低,工艺不稳定
协同热解	热解能够实现生物质资源的高效、清洁利用,煤炭与生物质都可以通过热解的方式得到焦炭、热解气和焦油,并进一步合成化工原料,提取化工中间体	前期投入成本高,有机固废处理规模小
协同焚烧	占地少,固废减量化和无害化,焚烧发电作为能量	焚烧发电厂投资、运维费用偏高,且回收期较长;入炉垃圾热值也不能太低,有二次污染风险
水泥窑协同处理	提高水泥窑工艺设备利用率,固废减量化和无害化,降低投资和运行费用	水泥产品的品质不稳定,水泥固化污染物有二次污染风险

1.3.2 长江经济带多源有机固废处理现状

以长江经济带中游城市武汉市为例,不同有机固废的处理现状及技术总结如下。

1. 生活垃圾

目前,武汉市已形成"五焚烧、两填埋、二协同"的处理设施格局,总处理能力约为 14600 吨/天,其中焚烧处理能力约为 7500 吨/天,水泥窑协同处理能力约为 3000 吨/天,应急填埋处理能力约为 4100 吨/天(表 1-7)。

表 1-7 武汉市生活垃圾处理设施和处理情况一览表

处理方式	垃圾处理设施	位 置	设计规模/(吨/天)	实际规模/(吨/天)
焚烧(5 个)	长山口垃圾焚烧厂	江夏区	2000	1540
	汉口北垃圾焚烧厂	黄陂区	2000	2000
	锅顶山垃圾焚烧厂	汉阳区	1500	1350
	新沟垃圾焚烧发电厂	东西湖区	1000	1100
	星火垃圾焚烧厂	青山区	1000	1220
水泥窑协同处理(2 个)	陈家冲水泥窑协同处理厂	新洲区	1000	650
	长山口水泥窑协同处理厂	江夏区	2000	—
应急填埋(2 个)	陈家冲生活垃圾填埋场	新洲区	2000	2500
	长山口生活垃圾填埋场	江夏区	2100	1800
合计			14600	12160

建成运行的 5 座垃圾焚烧厂炉渣产量约为 1700 吨/天,飞灰产量约为 530 吨/天。根据调查,当前武汉市焚烧厂炉渣多用于铺路或填埋,飞灰大多固化后暂时堆放,尚未实现安全处置。

水泥窑协同处理没有炉渣和飞灰产生,但对生活垃圾预处理要求较高。应急填埋会产生大量臭气,并且生活垃圾中的资源未能充分有效利用。从处理量上看,武汉市生活垃圾处理技术以焚烧、应急填埋为主,水泥窑协同处理为辅。垃圾焚烧、水泥窑协同处理基本实现垃圾无害化处理,但仍存在超过 1/3 的生活垃圾用于应急填埋,垃圾的资源利用效率低,且占用土地会产生臭气,污染环境。故需推进焚烧、水泥窑协同处理研究,使垃圾得到高效处理,从垃圾填埋向资源化、多源协同处理转型。

2. 餐厨垃圾

目前武汉市已经建成 4 个餐厨废弃物处理公司,分别为武汉百信环保能源科技有限公司、武汉锦弘德生物能源有限公司、武汉嘉源华环保科技股份有限公司、武汉天基生态能源科技有限公司,总处理能力800吨/天。4个餐厨废弃物处理公司均采用"预处理+厌氧发酵"工艺。根据规划,武汉市餐厨垃圾处理将形成以下格局:武汉百信环保能源科技有限公司处理200吨/天,武汉锦弘德生物能源有限公司处理200吨/天,武汉天基生态能源科技有限公司处理400吨/天(一期、二期各处理200吨/天),青山地区餐厨废弃物处理厂处理200吨/天和千子山有机固废处置项目处理200吨/天,总处理能力将达到1200吨/天。千子山有机固废处理项目处理餐厨垃圾800吨/天(在建),东西湖地区湿垃圾处理项目处理500吨/天,长山口湿垃圾处理项目处理500吨/天和陈冲家湿垃圾处理项目处理500吨/天。综上所述,餐厨垃圾一般采用厌氧发酵技术进行资源化,产生再生能源沼气。

3. 市政污泥

2009—2018年,武汉市污泥处理方式由单一常规机械脱水(离心或带式脱水)逐渐发展为常规机械脱水、板框深度脱水、好氧发酵、热干化等多种工艺并存(图1-4),其中板框深度脱水处理工艺渐渐占据主导地位,而离心或带式脱水等常规机械脱水工艺占比逐年降低。

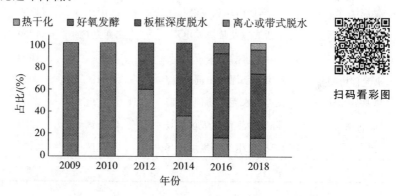

扫码看彩图

图1-4　2009—2018年武汉市不同污泥处理工艺设计规模占比

在《武汉市城市污泥处理处置专项规划(2021—2035年)》中,围绕武汉努力打造"五个中心",加快建设国家中心城市、长江经济带核心城市和国际化大都市的目标要求,全面贯彻碳达峰、碳中和理念,以"主城兜底、新城属地化"为原则进行规划布局,打造"焚烧为主,综合利用为辅"的污泥处理处置体系,强化指控调度的管理新模式。规划至2035年,污泥无害化处置率稳定保持100%,资源化及综合利用率达到70%以上。规划每片区各布局1座管涵污泥处理站,规划黄家湖、青山、前川、阳逻、左岭、千子山、汉阳和东西湖8座管涵污泥处理站,并加强全市统筹指控调度。综上所述,武汉市污泥处理水平逐渐提升,处理工艺由单一化向多元化发展,焚烧、好氧发酵、热解等新技术也逐步应用于污泥处理。

4. 农林废弃物

根据《武汉市2020年固废污染环境防治信息公告》,武汉市畜禽规模养殖场废弃物资源化综合利用率为97.67%;主要农作物秸秆总产量为181.92万吨,利用量为172.92万吨,综合利用率为95.05%;农膜使用量为5827.9吨,回收量为4828.57吨,农膜回收率为82.85%;农药包装废弃物回收量为101.81吨。秸秆主要转化为肥料利用或者作为青贮饲料,亦有企业将秸秆转化为沼气发电。农膜以回收为主,治理的相关技术尚存在空白,行业的检测能力需要进一步提高。

农林废弃物处理重点集中在中型城市,例如鄂州市、荆门市。如鄂州市建立秸秆饲料青贮、氨化、田间铺草、机械粉碎等示范点16个,推广秸秆还田肥料化利用技术;政府要农(地)膜的生产者、销售者和使用者及时回收废弃农(地)膜;推广沼气工程、有机肥生产、种养结合等粪污无害化处理利用技术,实现畜禽养殖废弃物的资源化循环利用,2020年畜禽养殖废弃物综合利用率达97.67%。荆门市东宝区依托绿色建材和装配式建筑产业的园区优势,成功引进全国秸秆综合利用龙头企业——万华生态板业股份有限公司,建设荆门万华农作物秸秆综合利用生态产业园,形成"秸秆—秸秆板—定制家居"的秸秆综合利用全产业链。综上所述,武汉市及其他城市农林废弃物处理技术主要为回收还田、厌氧发酵。

在《关于"十四五"大宗固体废弃物综合利用的指导意见》引领下,武汉市等长江经济带城市对固废综合利用已高度重视,利用焚烧、水泥窑协同处理、热解、厌氧发酵等方式进行有机固废无害化、资源化处理,但仍存在部分问题。有机固废产量高,且来源不稳定,一些处理方式资源化效率低,原料较为单一,没有系统考虑典型有机固废协同的可行性,蕴含其中的丰富生物质能未得到有效利用,如何利用现有工艺高效多源协同处理有机固废且稳定产出是目前遇到的难题。另外,部分企业产生的固废无法实现就近处理,远距离的收集和运输也会带来一定的环境风险,集中处理场所布局急需完善。有机固废分散式的处理也存在资源利用率不高、能耗高的问题。多源有机固废协同运作模式不完善,缺乏专业性,难以精准掌控工艺中的过程态,技术支撑向产业化转型任务紧迫。综合以上问题,提出利用物质流、能量流的分析方法,结合长江流域大中城市的湿热天气特点,以降低能耗、提高能效为目的,分析有机固废产生到处理资源化全过程中的物质转化特性和能量转化过程,明确能量流向特征,为多源协同处理有机固废提供数据支持;构建城市静脉产业园废弃物强耦合协同处理方法,分析园区物质、能量循环技术路径的可行性与优势,为集中处理场所布局建设、多源有机固废的协同资源转化和污染防控提供工程指导。

1.3.3　模拟仿真在固废处理中的应用

由于实验操作的复杂性以及不稳定性,大量数据的获得是十分困难的,这使得模拟操作成为指导实际应用的有效手段,其中比较成熟的工业模拟软件主要有OpenFOAM(OpenCFD公司)、GMD-Reax(中科院过程工程研究所)和Aspen Plus(AspenTech公司)。其中Aspen Plus是一个工艺流程稳态模拟和优化的大型通用系统,其具有完善的数据库、动力学模型、热力学模型等,在固废处理和资源化领域的过程模拟中被广泛采用。在热解处理方面,张藤元等人对生活垃圾热解气化过程进行了模拟及优化;Huang 等人进行了生物质(松木)热解气化的模拟研究,并确定了最佳工艺参数;此外,国外 De Andrés 等对污泥流化床气化过程进行建模,模拟了不同气化条件下的气相组分、碳转化率和冷气效率;在焚烧发电处理方面,马攀使用 Aspen Plus 建立了典型危险废物焚烧工艺过程模拟,研究不同运行参数对于焚烧系统,余热利用和烟气净化特征的影响;在水泥窑处理方面,董桢利用 Aspen Plus 软件对黄河同力水泥厂水泥窑焚烧城市生活垃圾系统进行工艺流程模拟,根据模拟结果对垃圾焚烧炉、分解炉运行参数进行优化;何雪鸿对回转窑富氧熔融焚烧垃圾系统流程进行了建模,模拟探究了生活垃圾无害化处理、零污染清洁焚烧途径;在厌氧发酵处理方面,李爽等人利用 Aspen Plus 模拟确定了秸秆厌氧发酵甲烷产量,优化了发酵罐、吸收塔等关键设备的工艺尺寸。

利用该软件可以较为完整地模拟不同工艺生产流程,分析工艺生产潜在问题并进行优化,确定最佳操作条件、优化设备配置和选择最佳反应路径,以实现更高的产量和更好的产品质量。本书利用该软件对热解、焚烧、水泥窑、厌氧发酵协同处理有机固废进行过程模拟,为提高过程效率,降低研发难度,减少试错成本提供数据支持。

1.4　物质流与能量流固废管理研究

1.4.1　物质流

1.4.1.1　宏观物质流

物质流分析方法可对具有系统边界的物质存量与流量情况进行定量分析,有效刻画系统中物质流动的源、路径及汇的过程。

物质流分析主要分三种类型,一种是宏观的经济系统物质流分析(economy-wide material flow analysis,EW-MFA),以国家城市层面物质流动为对象;1992 年奥地利和日本率先进行了国家级物质流分析,迄今为止,德国、美国、荷兰等多个国家均已完成了国家级的物质流核算。此外,受欧洲等地区科研影响带动,委内瑞拉、巴西等南美洲国家的物质流分析也已发展起来。目前越来越多发展中国家的国家经济系统物质流分析正在进行中。

我国从 21 世纪开始对国家层面的物质流分析开展相关研究。2000 年,陈效述等人通过物质流方法分析了 1989—1996 年我国经济系统的物质输入,分析得出我国经济系统的运行在很大程度上依赖于资源的消耗,资源利用效率较低;2005 年,刘敬智等人以德国 Wuppertal 研究所提出的物质流账户系统为基础,对 1990—2002 年我国经济系统的直接物质投入进行了核算;刘滨等人指出,物质流分析方法可以成为分析和评价我国经济系统中资源投入产出和使用效率的重要手段,在此基础上进一步提出我国循环经济发展的研究和评价过程中的主要指标。周宏春等人计算了 1994 年和 2000 年我国的物质输入量,结果显示,我国的物质总需求已经超过了美国。2011 年,平卫英基于 Bulk-MFA 指标及其衍生出的指标体系提出了 5 个系统层、11 个控制层和 37 项指标的循环经济发展评价体系,并且开展了以湖北省为例的实证分析。

一种是中观的投入产出分析(input-output analysis,IOA),以某一行业或某一区域、流域、城市或工业园区为研究边界的物质流核算。Simon 等人对印度半岛采用物质流分析,发现基础设施存量增长率为 10%。Tachibana 等人采用 Bulk-MFA 方法核算出 3 个主要指标(物资生产率、再利用和再使用率、最终处理量),初步解决了区域层面经济系统中数据较难收集的难点,以日本 Aichi 县为对象,研究出该县正朝着循环型社会方向发展。我国在区域层面的物质流分析主要研究了天津市、贵阳市、上海市、邯郸市等地区的物质流全景及资源投入、特定元素分析、污染排放的总量与人均规模的变化情况。

另一种是微观的企业物质流分析(business level material flow analysis,BMFA),以企业及企业内部工序为对象。Sendra 等人在 MFA 指标的基础上,添加了水和能源指标,建立起评价产业集聚区物质与能源利用效率的指标体系,并对加泰罗尼亚地区某生态园区进行研究,提出其可用于衡量企业的物质利用效率。成春春等人基于某纯碱企业的现场调研和台账数据,运用 MFA 方法对纯碱生产过程的盐水工序、石灰石煅烧工序、碳酸化工序等主要环节中的资源、能源消耗和污染物排放量进行了计算分析。石垚等人对工业区内的企业及其构成的工业共生网络进行物质核算和研究,并通过部门间实物型投入产出表改进了该尺度 MFA 的核算方法,构建了 EIPs-MFA 模型及指标体系。

物质流分析方法于 20 世纪 70 年代首次应用于对特定区域的城市代谢及污染物变化情况研究,并且在之后 50 年内广泛应用于建筑、电子产品、固废管理等多个领域。物质流分析一般对区域资源总投入或者针对某一种重金属、营养物质、碳以及其他能源物质进行分析,弄清楚与物质变化有关的各股物流的情况,以及它们之间的相互关系,从中找到节省自然资源、改善环境的途径,以推动工业系统向可持续发展的方向转化。

1.4.1.2 微观物质流

微观层面的元素流也逐渐被应用于多个研究领域。通过元素流分析,可以评估有机固废处理过程中元素排放、释放和转移的情况,从而评估其对环境负荷的影响程度。这有助于制定环境保护措施和监管政策,确保有机固废处理过程的可持续性和环境友好性。基于有机固废特性,我们主要针对碳素流、磷素流、硫素流进行探究。

碳素流分析方法对比物质流分析方法,聚焦于碳元素在生产过程中的运动轨迹,分析不同物料之间的碳素转移和价值转移,为碳排放活动中的价值管理提供数据分析工具。碳素流分析方法能持续、全面、动态、实时地反映生产过程中含碳物质的价值流转信息,为碳排放活动约束、碳减排决策和碳绩效评价提供数据支持。杜春丽等人运用元素流分析方法,构建了磷代谢分析框架及磷素流核算模型,以分析磷代谢过程及规律,定量识别了水体磷负荷的主要来源,提出减少长江经济带总磷污染的相关建议与对策;田国等人针对钢铁生产全流程产生的 NO_x 造成的环境污染问题,建立钢铁生产全流程氮素流分析模型。对钢铁生产全流程氮素流及含氮污染物的排放、控制及相关政策开展研究,在生产层面、管理层面提出了含氮污染物减排建议。

元素流方法广泛应用于生态环境领域,但目前元素流分析主要针对排放的废气,其他状态排放物(如废渣以及废水等)并没有考虑到其中,研究成果具有不全面性,评估其对生态破坏能力也会相对较弱。且很多学者采用元素流分析方法也仅限于硫以及氮元素,几乎没有探讨过碳元素,本研究以碳、氮、硫元素气、液、固三种状态污染物为研究重点,通过剖析三种元素流的变迁以及对环境的作用,从而挖掘园区可能存在的排污风险。

1.4.1.3　碳排放

长期以来,环境行业以削减污染物为基本任务,对碳减排的关注程度有限。事实上,由于密集的能量投入,环保类设施建设、运行过程中的碳排放问题逐渐得到社会越来越多的重视。据欧洲统计办公室统计报告,废物处理行业(包括污水处理与固体废弃物处理)已成为第 5 大碳排放行业,占全社会总碳排放量的 3.3%,环境行业碳减排是未来的必然要求。

热解过程是一种利用生物质作为燃料并起到固碳作用的资源化技术;厌氧发酵过程亦是一种利用有机物产甲烷的资源化技术。生物质热解、厌氧发酵可在一定程度上实现 CO_2 负排放。相对于热解、厌氧发酵,焚烧及水泥生产规模更大,生产过程中需要消耗更多能源,焚烧发电、水泥行业实现碳中和、碳减排具有一定的压力和挑战性。协同处理多源有机固废可实现废弃物资源化,但同时对行业的碳排放也可能是新的挑战,通过对不同工艺协同处理多源有机固废进行碳核算,可探讨不同行业协同状态下碳排放结果,为开展节能减排工作提供数据支持。

结合一系列加强固体废弃物综合治理的相关政策措施,资源化、规模化和园区化协同处理趋势,同时分析了循环经济产业园区的碳排放,探究园区"近零碳排放"的可能性。

1.4.2　能量流

能量流分析以物质流分析为载体,对系统中的能量输入与输出进行定量分析,评估系统能效,物质流及能量流分析方法的结合能为提高系统资源利用率提供参考依据。

Haberl 等人提出了能量流核算方法,其可用于分析进入和离开国家经济系统的能量流动;国内学者对能量流的研究主要应用在能量消耗的种类结构等方面,主要通过分析不同类型的能源消费比例产生的碳排放等指标,对区域的能耗结构进行优化分析,达到节能减排、发展绿色经济的目的。杨芸等人将钢铁生产流程中的能源输入、输出、转换等按照能量流的方式进行系统性分析,展现了各类能源在钢铁生产流程中的利用情况。通过这种新的评价体系,可快速、清晰地判断购入能源的有效利用水平。胡啸等人通过对我国静脉产业园进行能量流分析,指出园区能量利用存在的问题并给出对策。通过能量流分析,可明确所研究主体的能量流动规律、能量转化效率,根据能量转化效率可以发现系统结构是否合理,发现生产过程中的某一薄弱环节,从而提出改进措施。

1.4.3　物质流与能量流在固废管理体系中的应用

我国出台了一系列固废处理的相关措施,如颁布《中华人民共和国固体废物污染环境防治法》、提出创建"无废城市"建设试点等。《"无废城市"建设试点工作方案》中明确要求以物质流分析为基础,推动构建产业园区企业内、企业间和区域内的循环经济产业链运行机制;《循环发展引领行动》中提出要提高能源资源等物质流管理和环境管理的精细化程度。在长江生态环境保护修复工作的要求下,长江经济带周边大中城市更应响应国家号召,落实国家政策。近年来我国固废资源化处理也逐步在物质流与能量流领域开展研究。

王丽娜在理解和掌握物质流分析的基础上构建了城市生活垃圾的物质流分析框架,设定了城市生活垃圾的物质代谢指标,构建了始于生产的物质流减物质化系统,对北京市城市生活垃圾的物质代谢情况进行分析。黄启飞等人创新性地构建依据生产者延伸责任制原则的回收体系,基于逆向物流监控体系的再生利用企业的回收网络,研发了大宗工业固废资源化利用新技术与设备,构建了城市范围的资源及可再生资源循环利用链网。张健对污泥不同处理操作单元,如生物稳定化、机械脱水与干燥、杀菌与固化、农业利用和土壤改良、污泥焚烧与烟气净化以及工艺组合,如脱水、厌氧、焚烧的物质流与能量流特征进行分析,通过组合优化找到污泥处理的最优方式。物质流分析常用于技术的环境影响与经济效益比较分析中,如通过比较环境影响来选择焚烧炉或机械生物处理设施;将可燃废弃物作为可替代能源,通过能量回收用于水泥旋窑,大大降低水泥行业生产成本。

结合物质流、能量流及其在固废管理中的应用和研究工艺(热解、焚烧、水泥窑协同处理、厌氧发酵),采用微观的企业物质流分析以及能量流分析,建立不同工艺下评价物质与能效的指标体系,衡量不同工艺多源协同处理有机固废的物质、能量利用效率并找出最佳配比;结合不同工艺物质流、能量流结果,构建有机固废强耦合协同的循环经济产业园,探索新的运行模式,提升不同工艺收益,实现生产投入高效节约和资源、能源梯级循环利用。

1.5　研究目的与意义

基于有机固废无害化、资源化处理存在运作模式不完善,资源化效率低,难以精准化掌控工艺中的过程态等问题,本书结合长江经济带大中城市有机固废的"湿热"特性,分析其多源协同处理的必要性和可行性。

本书提出利用物质流、能量流的分析方法,以降低能耗、提高能效为目的,分析从有机固废产生到协同处理资源化全过程中的物质流动特性和能量转化过程,明确能量流向特征;结合"双碳"目标,核算协同处理时各工艺碳排放,为高效、低碳、多源协同处理有机固废提供数据支持。构建城市静脉产业园有机固废强耦合协同处理方法,分析园区物质、能量循环技术路径、零碳排放的可行性与优势,为集中处理场所布局建设、多源有机固废的协同资源转化和污染防控提供工程指导,对于探索多源有机固废产业园区协同处理具有重要的理论和实践意义。

1.6　研究内容与技术路线

宏观层面上,运用循环经济建设的基础方法——物质流分析方法研究多源有机固废物质流向;采用实际运行与实验数据进行回归,得到能量传递与转换规律,评价协同处理过程中能量流向特征,分析经济效益和环境效益。

微观层面上,借助元素分析、元素示踪等技术,分析收集、处理与资源化全过程中典型元素的迁移转化特性,明确微观物质流向特征。结合园区协同处理基地,分析园区多源有机固废生物转化和热转化过程中能量转化过程机制。

基于物质流与能量流分析方法,针对长江经济带周边大中城市的生物热解工艺、垃圾焚烧工艺、水泥窑协同处理工艺、厌氧发酵工艺进行工艺流程建模,在现有的运行工艺实况基础上,进行典型固废的协同处理模拟,并对不同协同状态进行物质转化、能量流动规律分析以及碳排放核算,以为固废协同处理的可行性提供数据支撑。

生物热解工艺主要针对生物质炭生产过程进行研究,具体过程详见 2.2.1。

生活垃圾焚烧发电处理工艺流程如图 1-5 所示,垃圾通过进料斗进入倾斜向下的炉排(炉排分为干燥区、燃烧区、燃尽区),由于炉排之间的交错运动,垃圾向下方推动,使垃圾依次通过炉排的各个区域(垃圾由一个区进入另一个区时,起到一个大翻身的作用),直至燃尽排出炉膛。燃烧空气从炉排下部进入,并与垃圾混合;高温烟气通过锅炉的受热面产生热蒸汽,同时烟气也得到冷却,最后烟气经烟气处理装置处理后排出。产生的炉渣进行外运综合利用,飞灰先集中到灰库,稳定固化后的飞灰到配套的垃圾卫生填埋场处理。垃圾焚烧发电主要分为三个系统:焚烧系统、换热与发电系统、烟气净化系统。

水泥窑协同处理工艺流程如图 1-6 所示,主要分为四个系统:原料系统、烧成系统、余热发电系统、熟料制成系统。经过破碎、均化后的生料在预热器、分解炉中完

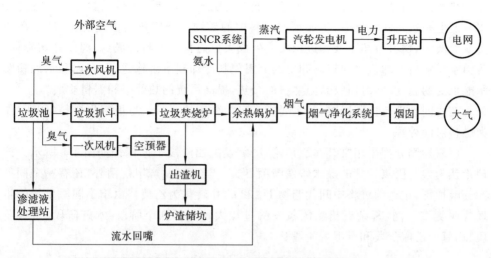

图 1-5　生活垃圾焚烧发电处理工艺流程

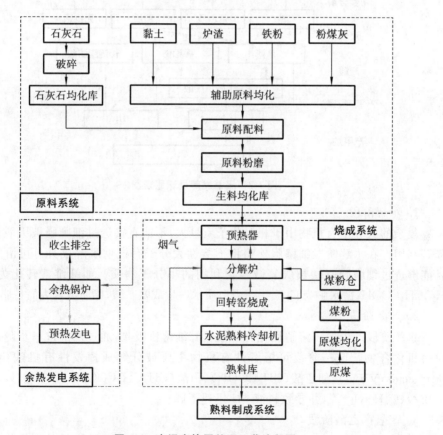

图 1-6　水泥窑协同处理工艺流程图

成预热和预分解后,进入回转窑中进行熟料的烧成。回转窑中碳酸盐进一步迅速分解并发生一系列固相反应,生成水泥熟料中的矿物。随着物料温度升高,部分矿物会变成液相,物料溶解于液相进行反应生成大量熟料。熟料烧成后,温度开始降低。后由水泥熟料冷却机将回转窑卸出的高温熟料冷却到下游输送、贮存库和水泥粉磨所能承受的温度,同时回收高温熟料的余热,提高系统的热效率和熟料质量。

在协同处理有机固废时,其主要投入口为分解炉,与煤、垃圾衍生燃料(RDF)作为燃料协同处理。

厌氧发酵处理采用"四阶段"理论,厌氧发酵四阶段工艺流程如图 1-7 所示。该理论认为参与厌氧发酵的除水解发酵菌、产氢产乙酸菌、产甲烷菌外,还有一个同型产乙酸种群,这类菌可将中间代谢物 H_2 和 CO_2 转化为乙酸。由于不同微生物的生理代谢类型不同,复杂有机物厌氧发酵过程大致包括四个阶段:水解阶段、产酸阶段、产氢产乙酸阶段和产甲烷阶段。

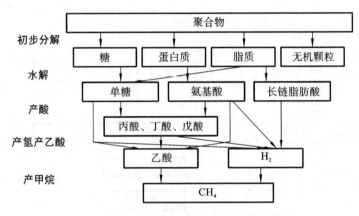

图 1-7 厌氧发酵处理原理图

1. 水解阶段

复杂的大分子有机物由于相对分子质量大,不能直接透过细胞膜被厌氧微生物降解利用。在水解阶段细菌胞外酶将不溶性大分子有机物水解成具有可溶解性并且能够透过细胞膜直接被厌氧微生物利用的小分子物质。如纤维素转化为 CO_2、H_2、CH_3COOH;糖水解为 $C_6H_{12}O_6$;蛋白质水解生成氨基酸;脂肪分解为简易脂肪酸。

2. 产酸阶段

水解阶段产生的可溶解性化合物被发酵细菌所吸收,通过发酵进一步降解为简单有机化合物。这一阶段可溶解性有机物主要被分解成挥发性有机酸(volatile fatty acids,VFAs),如乙酸(CH_3COOH)、丙酸(CH_3CH_2COOH)、异丁酸($C_4H_8O_2$)和戊酸($C_5H_{10}O_2$)等,并导致料液 pH 迅速下降。

3. 产氢产乙酸阶段

在乙酸化阶段,专性产氢产乙酸菌利用氧化还原作用将还原性的有机物转化为可产生 CH_4 的最终产物——CH_3COOH、H_2 和 CO_2。同时产乙酸菌利用 CO_2 和

H₂ 合成 CH₃COOH，大部分 VFAs 被厌氧微生物利用。

4. 产甲烷阶段

产甲烷菌将产氢产乙酸阶段形成的产物进一步降解，合成 CO₂ 和 CH₄，同时利用产酸阶段所产生的 H₂ 将部分 CO₂ 再转化为 CH₄。约 30% 的 CH₄ 由 H₂ 和 CO₂ 合成；其余 70% 的 CH₄ 主要来源于 CH₃COOH 的分解。

根据上述热解、焚烧、水泥窑协同处理、厌氧发酵处理工艺流程，将不同工艺反应过程以及工艺条件（温度、压力、时间等参数）设定等转换为 FORTRAN 编程语言，本研究创建了热解炭化、焚烧发电、水泥窑协同处理、CSTR 厌氧发酵过程仿真工艺模型，并验证模型精度。本研究模拟了有机组分变化对产物、污染气体排放的影响，并分析了其能耗、能效变化，得出了多源有机固废热解、焚烧、水泥窑协同处理、厌氧发酵处理工艺的最优配比以及掺杂条件，为后续构建有机固废强耦合协同处理循环经济产业园提供了研究基础。

以焚烧发电为主、厌氧发酵为辅的有机固废耦合协同处理循环经济产业园，结合武汉市有机固废的特性，循环经济产业园厌氧发酵处理工程设计规模为 1000 吨/天，生活垃圾焚烧厂处理规模为 1500 吨/天；基于焚烧、厌氧发酵协同处理有机固废最优配比以及掺烧条件，应用垃圾焚烧、厌氧发酵过程仿真工艺模型，获得了工业源和生活源有机固废耦合协同物料最优配比下的能耗及能效，为园区协同处理有机固废提出优化方案。

技术路线如图 1-8 所示。

图 1-8　技术路线图

参 考 文 献

[1] 王振,杨昕.长江经济带发展报告(2021～2022)[M].北京:社会科学文献出版社,2023.

[2] 朱洋洋,黄大勇.长江经济带农业面源污染的时空分异及影响因素研究[J].无锡商业职业技术学院学报,2022,22(1):1-8.

[3] 胡小超,何珍.环境保护中的城市垃圾资源化处理[J].资源节约与环保,2022(1):38-40.

[4] 陶炜,肖军,杨凯.生物质气化费托合成制航煤生命周期评价[J].中国环境科学,2018,38(1):383-391.

[5] Yang Y,Fu T C,Bao W Q,et al. Life cycle analysis of greenhouse gas and PM 2.5 emissions from restaurant waste oil used for biodiesel production in China[J]. Bioenergy Research,2017,10(1):199-207.

[6] Song S Z,Liu P,Xu J,et al. Life cycle assessment and economic evaluation of pellet fuel from corn straw in China:a case study in Jilin Province[J]. Energy,2017,130:373-381.

[7] Bao W Q,Yang Y,Fu T C,et al. Estimation of livestock excrement and its biogas production potential in China[J]. Journal of Cleaner Production,2019,229:1158-1166.

[8] 中华人民共和国统计局.中国统计年鉴—2019[M].北京:中国统计出版社,2019.

[9] 郑朝晖.长江经济带固废治理需要综合解决方案[J].中国环境管理,2021,13(2):143-144.

[10] 桑宇,张宏伟,陈瑛.我国不同行业协同处置利用固体废物情况分析[J].现代化工,2022,42(2):40-44.

[11] 陈芬,余高,张红丽,等.贵州省畜禽粪污构成及资源化利用潜力研究[J].干旱区资源与环境,2020,34(12):78-85.

[12] 郭燕燕,周涛,柴福良,等.生活垃圾分类过程环境卫生风险及其防控技术[J].环境科学与技术,2020,43(1):229-233.

[13] 中华人民共和国统计局.中国统计年鉴—2022[M].北京:中国统计出版社,2022.

[14] Chang J I,Chen Y J. Effects of bulking agents on food waste composting[J]. Bioresource Technology,2010,101(15):5917-5924.

[15] 郭康鹰,高宝玉,岳钦艳.造纸污泥的资源化综合利用研究现状与展望[J].土木与环境工程学报(中英文),2021,43(4):118-131.

[16] 周正培,王成成,曹洋,等.造纸废渣制颗粒燃料及其与煤共热燃烧探索[J].中华纸业,2018,14:38-40.

[17] Tao W Y,Jin J J,Zheng Y P,et al. Current advances of resource utilization of herbal extraction residues in China[J]. Waste and Biomass Valorization,2021,12(11):5853-5868.

[18] 周昀.中药固废原料特性及热解关联性研究[D].武汉:华中科技大学,2022.

[19] 尹凡,曾德望,邱宇,等.生物质热化学制氢技术研究进展[J].能源环境保护,2023,37(1):29-41.

[20] 廖传华,王银峰,高豪杰,等.环境能源工程[M].北京:化学工业出版社,2021.

[21] 贾建东.多元有机固废共混水热碳化的交互反应机理及质能平衡研究[D].北京:华北电力大学,2023.

[22] 冷振东,王敏,郭超.我国城市污泥特性及其资源化[J].科技创新导报,2011(8):152-153.

[23] 王桂琴,陈日晖,张丽,等.北京市朝阳区餐厨垃圾产生量调查及特性分析[J].中国资源综合利用,2020,38(9):41-44.

[24] 袁琪,李伟东,郑艳萍,等.中药渣的深加工及其资源化利用[J].生物加工过程,2019,17(2):171-176.

[25] 李尔,曾祥英.武汉市主城区污水厂污泥处理处置现状及展望[J].中国给水排水,2021,37(18):8-13.

[26] 王天天,卢笛音,曹雅.物质流分析方法及应用研究综述[J].再生资源与循环经济,2017,10(8):9-12,16.

[27] 刘宣佐,姚宗路,赵立欣,等.数值模拟秸秆热解过程影响要素及其应用分析.中国农业大学学报,2020,25(2):121-129.

[28] 张藤元,冯俊小,冯龙.基于Aspen Plus的生活垃圾热解气化模拟及正交优化[J].环境工程,2022,40(2):113-119.

[29] Huang F,Jin,S. Investigation of biomass(pine wood)gasification:Experiments and Aspen Plus simulation. Energy Science and Engineering,2019,7(4):1178-1187.

[30] De Andrés J M,Vedrenne M,Brambilla M,et al. Modeling and model performance evaluation of sewage sludge gasification in fluidized-bed gasifiers using Aspen Plus[J]. Journal of the Air & Waste Management Association,2018,69(1):23-33.

[31] 董桢.水泥窑协同处理城市生活垃圾系统研究[D].郑州:郑州大学,2017.

[32] 何雪鸿.富氧焚烧垃圾发电技术研究及烟气净化工艺模拟[D].北京:华北电力大学,2015.

[33] 李爽,喻胜飞,徐佳慧,等.秸秆厌氧发酵产甲烷技术的研究与应用[J].广东

化工,2021,48(9):178-181.

[34]　陈效述,乔立佳.中国经济-环境系统的物质流分析[J].自然资源学报,2000,
　　　15(1):17-23.

[35]　刘敬智,王青,顾晓薇,等.中国经济的直接物质投入与物质减量分析[J].资
　　　源科学,2005,27(1):46-51.

[36]　刘滨,王苏亮,吴宗鑫.试论以物质流分析方法为基础建立我国循环经济指标
　　　体系[J].中国人口·资源与环境,2005,15(4):32-36.

[37]　周宏春,刘燕华.循环经济学[M].北京:中国发展出版社,2005.

[38]　平卫英.基于物质流分析的循环经济评价体系构建及实证分析[J].生态经
　　　济,2011(8):38-42.

[39]　Singh S J, Grünbühel C M. Environmental relations and biophysical
　　　transition:the case of Trinket Island[J]. Geografiska Annaler:Series B,
　　　Human Geography,2003,85(4):191-208.

[40]　刘伟,鞠美庭,于敬磊,等.天津市经济-环境系统的物质流分析[J].城市环境
　　　与城市生态,2006,19(6):8-11.

[41]　徐一剑,张天柱,石磊,等.贵阳市物质流分析[J].清华大学学报(自然科学
　　　版),2004,44(12):1688-1691,1699.

[42]　黄晓芬,诸大建.上海市经济-环境系统的物质输入分析[J].中国人口·资源
　　　与环境,2007,17(3):96-99.

[43]　楼俞,石磊.城市尺度的金属存量分析——以邯郸市 2005 年钢铁和铝存量为
　　　例[J].资源科学,2008(1):147-152.

[44]　孙启宏,李艳萍,段宁,等.基于 EW-MFA 方法的我国 1990—2003 年资源利
　　　用与环境影响特征研究[J].环境科学研究,2007,20(1):108-113.

[45]　Sendra C, Gabarrell X, Vicent T. Material flow analysis adapted to an
　　　industrial area[J]. Journal of Cleaner Production,2007,15(17):1706-1715.

[46]　成春春,宋浩宇,李春丽.基于 MFA 方法纯碱生产过程物质流及能量流分析
　　　[J].无机盐工业,2020,52(6):59-62.

[47]　石垚,杨建新,刘晶茹,等.基于 MFA 的生态工业园区物质代谢研究方法探
　　　析[J].生态学报,2010,30(1):228-237.

[48]　胡长庆,张玉柱,张春霞.烧结过程物质流和能量流分析[J].烧结球团,2007
　　　(1):16-21.

[49]　杜春丽,任雪莹,杜子杰.基于元素流分析的长江经济带总磷污染减量化研
　　　究——以湖北为例[J].中国环境管理,2021,13(3):136-145.

[50]　田国,高成康,张溪溪,等.典型钢铁企业全流程的氮素流及其含氮污染物减
　　　排潜力分析[J].中国冶金,2022,32(10):111-120,128.

[51]　张莉,张彬,李丽平,等.物质流分析方法在固体废物管理领域的应用综述

[J].环境与可持续发展,2021,46(1):132-138.

[52] 刘伟,鞠美庭,李智,等.区域(城市)环境-经济系统能流分析研究[J].中国人口·资源与环境,2008,18(5):59-63.

[53] 杨芸,郭敏.钢铁企业能量流分析方法研究[J].工业加热,2020,49(3):23-27.

[54] 胡啸,徐慧娟,何云,等.基于能量流分析的静脉产业园建设[J].中国人口·资源与环境,2015(S1):27-30.

[55] 张莉,张彬,李丽平,等.物质流分析方法在固体废物管理领域的应用综述[J].环境与可持续发展,2021,46(1):132-138.

[56] 王丽娜.基于物质流分析的北京城市生活垃圾减量化研究[D].北京:北京工业大学,2018.

[57] 黄启飞,杨玉飞,王兴润,等.基于区域产业结构和物质流的大宗固体废物资源化技术研究[J].中国科技成果,2016(17):80.

[58] 张健.污泥处理过程的物质与能量流分析[J].给水排水,2008,44(S1):54-58.

第 2 章　多源有机固废热解处理物质流与能量流耦合分析

热解技术可用于农林废弃物的能源转化利用,替代化石燃料并减少碳排放。其中,热解炭化是生物质热解的重要利用方式之一。但热解技术在能耗和环境影响方面存在挑战,由于其高温条件和能源投入要求,热解过程具有较高的能耗,这可能影响技术的经济可行性和能源可持续性。此外,热解过程中产生的有害气体和挥发性有机物可能对环境造成潜在的排放和污染风险。单一来源热解由于物料含水率,固定碳、挥发分的含量变化会使热解系统失稳,产量降低,进行多源生物质共热解有望缓解这种现象。有机固废中含有的可燃生物质,可作为燃料提供热量,经过热解释放,可用于能源生产的产物,这种能源回收可以减少对传统能源的依赖,降低能耗。Zhu 等人发现通过平衡热解混合物中 C、H、O 的比例可改善热解产品;多源热解会发生显著的协同作用,从而提高热解反应活性;不同生物质 H/C 的值不同,调节这一比值可调节热解过程的供氢作用,产生稳定自由基,减少二次反应,提高物料热解效率。

由于热解过程十分复杂,实验室研究难以对热解过程进行物料和能量的准确衡算,不利于指导热解工艺并进行过程优化,但可借助模拟软件进行仿真并优化生产工艺。模拟仿真需要对系统影响因素进行分析,一方面可以找到最优参数条件,另一方面可为后续的系统资源化和环境效应评价提供数据支持。对有机固废进行热解处理,可实现废弃物资源化,降低资源消耗,但由于有机固废性质会随环境变化而波动,故协同处理量过大时,可能会导致热解系统的失稳,因此寻找合适的协同占比也至关重要。热解温度、含水率是影响热解产物分配的主要外在因素,热解温度及含水率明显影响产物的组成和热解转化率。随着热解温度的升高,挥发分释放量增加,气相产物的产率增加,硫的脱除率增加;降低含水率能够提高热解效率。综上所述,选取有机固废在热解原料中的占比、热解温度及干燥后原料含水率三类影响因素进行分析研究。

基于影响因素的分析结果,进行物质流的模拟和分析可有效提升多源固废协同利用效率,并优化系统能耗及能效。热解温度对能耗影响最显著,随着热解温度的增加,能耗也随之增大;热解过程中,原料含水率低,将原料加热到工作温度所需时间短,则干燥过程能耗少。因此,设定合适的温度以及含水率可优化热解系统能耗。

利用热解的资源转化优势,基于物质流、能量流分析方法,针对长江经济带典型大中城市的生物热解工艺进行工艺流程建模,在现有的运行工艺实况基础上,进行典型固废的协同处理模拟,如松木、中药渣类有机固废、污泥等,并对不同的协同状态进行物质转化、能量流动规律分析,为有机固废协同热解处理的可行性提供数据支持。

2.1　多源有机固废热解原料

　　研究所采用的有机固废主要来自农林源、工业源和生活源。农林源有机固废是热解工厂就近收集的受虫害侵蚀的废弃林木;工业源有机固废是中药厂生产过程中的废渣,具有热值高、挥发分含量高等特点;生活源有机固废是市政污泥,来自不同调理脱水方法的城市污水处理厂脱水污泥。

　　基于所在地区固废特性情况,本研究收集了典型的废弃农林源林木、工业源中药渣及不同处理工艺的生活源污泥进行分析,固废种类及组分数据如表 2-1、表 2-2 所示。

表 2-1　固废工业分析(湿基)

种　类	名　　称	含水率 /(%)	固定碳含量 /(%)	挥发分含量 /(%)	灰分含量 /(%)
林木	松木	26.50	60.48	8.59	4.43
中药渣	大血藤	9.68	21.72	65.61	2.99
	泽泻	12.02	12.48	73.86	1.64
污泥	石灰铁盐处理污泥	77.82	0.53	7.81	13.84
	PAM 处理污泥	65.24	2.52	8.81	23.43
	芬顿处理污泥	45.15	6.42	19.85	28.58

表 2-2　固废元素分析

种　类	名　　称	w_C /(%)	w_H /(%)	w_O /(%)	w_N /(%)	w_S /(%)	w_{ASH} /(%)	LHV /(MJ/kg)
林木	松木	47.72	5.58	40.30	0.19	0.18	6.03	16.29
中药渣	大血藤	46.62	5.88	43.13	0.99	0.07	3.31	18.60
	泽泻	44.47	6.78	42.64	4.08	0.37	1.84	16.97
污泥	石灰铁盐处理污泥	15.30	2.97	15.68	2.26	0.53	63.26	5.28
	PAM 处理污泥	16.69	2.93	10.11	2.79	0.33	67.15	7.26
	芬顿处理污泥	23.02	3.69	16.02	4.20	1.00	52.07	9.76

注:w_C、w_H、w_O、w_N、w_S、w_{ASH} 代表碳、氢、氧、氮、硫、灰分的质量分数;LHV 为热值。

2.2　多源有机固废热解处理物质流与能量流分析方法

2.2.1　热解处理工艺概述

基于热解的实际生产情况,企业利用周边具有的丰富农林有机固废,主要有受虫害侵蚀的废弃松木、稻草秸秆等,通过与有关部门及当地居民签订协议,收购各类废弃生物质资源投入工厂进行热解或压缩,生产的产品一种为热解制生物质炭,另一种是对回收生物质固废进行压缩处理制造的高密度成型燃料。

热解制生物质炭生产工艺简化流程如图 2-1 所示。收集到的废弃松木送入干燥机进行干燥处理,干燥处理所需的热量由热解炉的中温烟气供给,从原料中蒸发出来的水分混在烟气中排出,干燥后的原料被送到热解炉进行热解反应,热解所需的热量由热风炉的高温烟气提供,原料热解后产生的热解挥发分作为燃料通入热风炉中,产生的生物质炭则经统一收集后进行售卖。

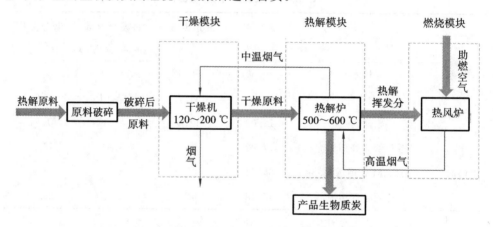

图 2-1　热解制生物质炭工艺简化流程示意图

2.2.2　热解处理工艺仿真模型建立

2.2.2.1　建模原理

热解炭化过程主要分为三个阶段:①干燥阶段,原料中水分蒸发溢出,几乎未发生原料组分的化学变化。②热解阶段,生物质分解,化学键断裂、重组,产生各类有机挥发分,生成生物质炭。③燃烧阶段,产生的挥发分作为燃料燃烧生成高温烟气。上述分析说明热解炭化过程是通过多种复杂化学反应实现的,这是热解炭化仿真模型的理论基础,而化工流程模拟软件 Aspen Plus 可在此理论基础上进行建模。

利用软件的序贯模块法将实际热解炭化流程中的生产工序与软件的模块——

对应,通过软件中的物料以及流股代表生产过程中的物质与能量流动情况,再通过设置对应物性方法及参数进行仿真模型求解分析。由于实际过程中热解炭化过程十分复杂,与模拟存在差异,需要对建立的仿真模型进行一定的简化与假设。我们可将仿真模型流程简化为干燥、热解、燃烧及产物分离四个阶段,并将热解过程简化为两个独立过程。在软件中将原料定义为非常规组分后,通入热解模块中,先利用可规定反应程度的 RStoic 反应器将原料分解为单质及灰分,随后利用拟合热力学平衡状态的 RGibbs 反应器模拟单质发生反应并重组生成热解挥发分及生物质炭。建模过程中具体假设条件如下。

(1) 原料彻底分解,反应完全且整个过程为稳定状态,反应参数不会发生变化。

(2) 进料中的灰分为惰性物质,不参与热解反应。

(3) 进料中的元素除 C 随条件不完全转化为固体之外,其他元素如 H、N、O、S 等均转化为气相。

(4) 忽略传输过程中的物料及能量损失。

(5) 热解炭化流程中所有反应均符合 Gibbs 自由能最小化原理。

2.2.2.2　仿真模型方法及模块选择

热解系统仿真模型经简化后主要分为三大模块,首先是干燥模块,采用可规定反应程度的 RStoic 反应器模拟干燥机干燥过程。在干燥反应方程及计算器模块的作用下,使原料达到相应的含水率。干燥模块的热量由换热器传递的中温烟气提供,反应器间利用能量流股连接以实现物质、能量的传输。干燥后产生的蒸汽、干燥原料利用 Sep 两相分离器实现分离。利用软件中的计算器模块嵌入 Fortran 语句来识别不同的物质及其实际的水转化率,以实现整个干燥过程。输入的反应方程及计算器模块语句为:

$$Biomass(wet) \rightarrow Biomass(dry) + \Phi H_2O$$
$$CONV = (H_2OIN - H_2OOUT)/(100 - H_2OOUT)$$

其次是热解模块,根据输入物质的元素分析,采用可计算分解产率的 RYield 反应器将物质分解成单质和灰分。表达式如下:

$$Biomass \rightarrow C + H + S + N + O + ASH$$

生物质具体分解产率则需要通过计算器模块嵌入一段 Fortran 语句进行计算得到,Fortran 语句如下:

$$FACT = (100 - WATER)/100$$
$$ASH = ULT(1)/100 * FACT$$
$$CARB = ULT(2)/100 * FACT$$
$$H_2 = ULT(3)/100 * FACT$$
$$N_2 = ULT(4)/100 * FACT$$
$$Cl_2 = ULT(5)/100 * FACT$$
$$SULF = ULT(6)/100 * FACT$$

$$O_2 = ULT(7)/100 * FACT$$

其中,FACT 代表原料干基含量,ULT(1)～ULT(7)代表对应的原料元素分析中灰分、碳、氢、氮、氯、硫、氧的含量。接着利用拟合热力学平衡状态的 RGibbs 反应器模拟分解后单质的热解过程,得到生物质炭和挥发分,两个反应器组合模拟热解炉中热解反应。利用可分离纯物质的 SSplit 分流器实现两者的分离,热解产生的生物质炭收集后进行统一售卖。

最后是燃烧模块,向分离后的挥发分通入助燃空气,利用 RGibbs 反应器模拟热风炉燃烧,产生的高温烟气通过两个换热器换热,分别将热量传输给热解、干燥模块。

借助 Aspen Plus 建立的完整热解炭化工艺模拟流程如图 2-2 所示。

2.2.2.3　物性方法及仿真模型参数选择

物性方法是计算物流物理性质的一套方程,包含若干物理化学计算公式。物性方法选择不同,Aspen Plus 模拟结果大相径庭。合适的物性方法,往往取决于系统物料、建模原理、适用范围等诸多因素。Aspen Plus 软件提供了丰富的物性计算方法与仿真模型,内置的物性方法按照是否为极性分为两大类:极性物系和非极性物系。结合化工中常见的物性方法、化工热力学资料,考虑生物质炭及挥发分均属于常规非极性物质,选用适合非极性系统的 RK-SOAVE 作为基本物性方法。同时,仿真模型存在非常规组分及灰分惰性组分,因而选择含有气相、液相、固相、非常规固体子流股的 MCINCPSD 作为全局流量类型。能量计算涉及物料的热量,原料的焓及密度计算选择适配的 HCOALGEN 与 DCOALIGT 方法。

2.2.3　仿真模型参数设定

通过对热解企业的调研及对热解原料的收集,对收集到的废弃松木工业、元素分析数据进行实验测量,具体数据见表 2-1、表 2-2。

参照实际调研参数,整个仿真模型的流程参数设置如下:原料进料速度为 1 t/h,空气温度设置为 25 ℃,干燥反应器温度设置为 130 ℃,热解温度设置为 550 ℃,流程中的压力均设置为 1.01 bar。

2.2.4　仿真模型验证

仿真模型选取松木作为原料进行热解模拟,由于实际热解工艺中主要关注产品炭的产量,其余产物并没有详细生产数据,在仿真模型结果与实际工艺的炭产率相近的基础上,通过与文献中的实验结果进行对比验证仿真模型的准确性。仿真模型搭建完成后,将仿真模型需要输入的进料物性数据及不同模块的反应器运行参数设置成与 Li 等人所做松木热解实验参数一致,仿真模型运行获取的结果与文献中的结果进行对比,热解产物产率计算式如下:

$$y_{CHAR} = \frac{q_{CHAR} - q_0 \times A}{q_0 \times (1-A)} \times 100\%$$

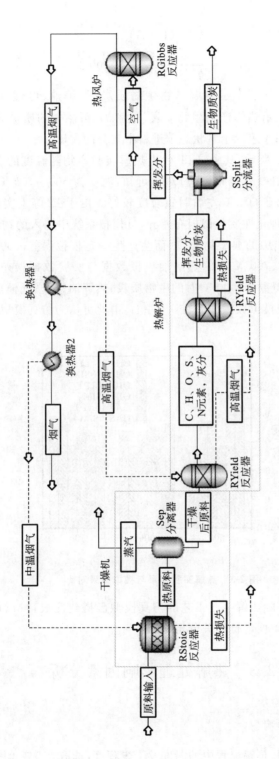

图 2-2　热解炭化工艺模拟流程

$$y_{\text{OIL}} = \frac{q_{\text{OIL}}}{q_0 \times (1-A)} \times 100\%$$

$$y_{\text{GAS}} = \frac{q_{\text{GAS}}}{q_0 \times (1-A)} \times 100\%$$

式中：y_{CHAR}、y_{OIL}、y_{GAS} 分别表示热解产物生物质炭、热解油、可燃气的产率（%）；q_{CHAR}、q_{OIL}、q_{GAS} 分别表示热解产物生物质炭、热解油、可燃气的质量流量（kg/h）；q_0 表示进料速度（kg/h）；A 表示干基状态下进料中灰分的占比。

　　模拟结果如图 2-3 所示，其中，LIT 代表热解实验产物随温度的变化结果，SIM 代表模拟产物随温度的变化结果，通过对比可知，温度为 500～700 ℃时，模拟结果与实验结果相差不大，在 600 ℃左右时重合度较好。由于 Li 等人实验中采用的松木与实际调研的松木理化性质相似但有差异，且模拟系统中输入的物性组成只选取了热解过程输入、输出中的典型物质，因而会产生一定模拟误差。500 ℃时的生物质炭模拟数据，500 ℃、700 ℃时的热解油模拟数据与实验数据误差在 10%左右；500 ℃时的可燃气模拟数据，600 ℃时的生物质炭、热解油、可燃气模拟数据，700 ℃时的生物质炭、可燃气模拟数据误差在 5%左右，由此可认为仿真模型具有较好的可靠性。

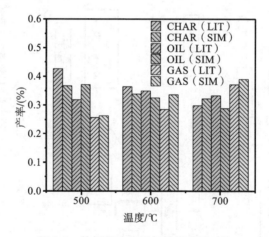

扫码看彩图

图 2-3　热解实验结果与模拟结果对比

　　综上所述，基于实际热解生产工艺的仿真模型已搭建完成，可以用于后续对系统物质能量流及其灵敏度进行相关分析。

2.3　热解处理影响因素分析

2.3.1　协同占比的影响

　　基于调研企业实际热解流程中的温度及干燥程度，选取 550 ℃的热解温度及进料干燥后含水率为 10% 作为基础参数条件,由于企业主要产品为生物质炭,所以研究重点关注生物质炭的产量。热解原料的组分以及种类等因素会对热解系统产生影响。为提高典型有机固废的利用率,挖掘典型有机固废的丰富潜在资源,探究典型有机固废与松木的协同热解效应,收集市区内产量较多的几种有机固废与松木进行共热解,以实现在不增加设备投入的前提下对有机固废所蕴含的潜在能源的高效利用的目的。

　　将收集到的五种工业源及生活源固废分别掺入农林源松木中进行热解,占比从 0～100% 以 20% 为步长递增,生物质炭产率随协同占比变化结果如图 2-4 所示。S 污泥、P 污泥、F 污泥分别代表石灰铁盐处理污泥、PAM 处理污泥及芬顿处理污泥。由图 2-4 可知,随着各类固废协同占比的增加,热解产物中的固体产率均下降。

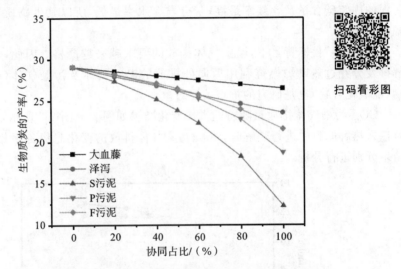

扫码看彩图

图 2-4　二源固废热解生物质炭产率随协同占比变化曲线图

　　随着大血藤占比的增加,热解产物中的固体产率从大血藤占比为 0 时的 29.1% 逐渐下降到占比为 100% 时的 26.5%。下降幅度较小是因为大血藤的含水率相对于松木较低,两种物料的其他组分相差不大,大血藤经干燥后进入热解的流量较大,而经热解后的生物质炭产量随大血藤的占比增大而增加,但增加的幅度较小,所以经式(2-1)计算后产率呈现小幅度的下降趋势。

　　随着泽泻占比的增加,生物质炭的产率下降幅度较大,从占比 0 时的 29.1% 降到占比为 100% 时的 23.6%。生物质炭产率降低而气液产率增加的原因与大血藤协同热解原因相似,冯东征等人研究表明高固定碳有利于生物质炭的产率提高,协同泽泻比协同大血藤热解的生物质炭产率下降幅度更大的主要原因是泽泻的 C 元素含量比大血藤更低,且其中的固定碳含量较少,挥发分含量较高。

　　随着 S 污泥占比的增加,生物质炭的产率下降趋势越来越快,从占比为 0 时的 29.1% 下降到占比为 100% 时的 12.3%。生物质炭产率大幅度降低而气液产率快速增加主要是因为 S 污泥的灰分含量比松木灰分含量高出很多,C 元素以及固定碳含量相对于松木而言较小。此结果与杨肖所做的污泥与褐煤共热解实验研究中发现的加入污泥后混合物中灰分含量显著增高的结果相近。而根据前述产率计算公式,灰分排除在生物质炭外,所以加入 S 污泥后生物质炭产率大幅下降。

生物质炭的产率随着 P 污泥占比的增加而下降,从其占比为 0 时的 29.1% 降到占比为 100% 时的 18.7%。相对于 S 污泥而言,P 污泥掺入热解过程中,生物质炭产率下降的幅度较小。产生该现象的主要原因是 P 污泥的固定碳含量比 S 污泥高,且其含水率相对于 S 污泥较低,但相对于松木而言较低,所以生物质炭产率下降。

生物质炭的产率随着 F 污泥占比的增加同样是下降的,从占比为 0 时的 29.1% 降到占比为 100% 时的 21.6%。相较于前两种污泥,F 污泥掺入热解过程中,由于 F 污泥的固定碳含量及含碳率最高,灰分与含水率最低,所以其生物质炭产率下降的幅度最小。

在"双碳"目标背景下,温室气体排放的要求越来越严格。因此,热解系统中热解挥发分经过热风炉燃烧利用后向外排放的温室气体及污染气体(CO、氮氧化合物、硫氧化合物)也是研究的重点关注对象。

CO_2、污染气体排放量随协同占比变化结果如图 2-5、图 2-6 所示,不同种类的物质掺入热解原料中进行热解时,CO_2、污染气体排放的变化趋势各不相同,后续对此结果分别进行分析。

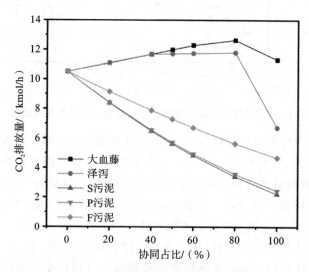

图 2-5 CO_2 排放量随协同占比变化曲线图

由图 2-5 可知,大血藤占比低于 80% 时,随着大血藤占比增加,CO_2 排放量增大,从纯松木的 10.51 kmol/h 增到大血藤占比为 60% 时的 12.30 kmol/h。污染气体排放量随之下降,从 0.043 kmol/h 下降到 0.030 kmol/h。这主要是由于加入大血藤后热解挥发分的增多造成 CO_2 气体排放量的增加,同时由于大血藤 S 含量相

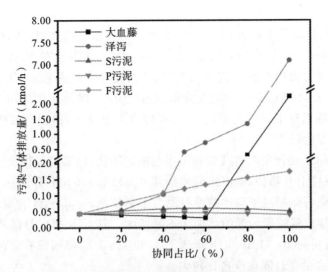

图 2-6　污染气体排放量随协同占比变化曲线图

对于纯松木较少,所以污染气体的排放量随着大血藤占比的增大而减少。这一结果与李新对热解气燃烧量变化对烟气中 CO_2 影响的研究及刘钊对不同原料燃烧对污染气体排放量影响的研究结果相近。而在大血藤占比超过 60% 后,图中曲线出现异常,污染气体排放量开始大幅度增加,在协同占比达到 80% 与 100% 时,污染气体排放量分别升至 0.291 kmol/h、2.236 kmol/h,且 CO_2 气体排放出现减少趋势。这主要是因为此时通入的固定量的助燃(空气)不足,热解挥发分燃烧不够充分。

在泽泻占比较小时,CO_2 以及污染气体排放量都随泽泻占比而增大,分别从纯松木的 10.51 kmol/h、0.043 kmol/h 增加到占比为 40% 时的 11.70 kmol/h、0.104 kmol/h。这主要是由于挥发分增加导致 CO_2 排放增多,而泽泻中的硫、氮含量都比松木高而导致污染气体排放量增多。泽泻占比达到 100% 时,图中曲线出现大幅度变化,CO_2 排放量减少至 6.72 kmol/h;而污染气体排放量则大幅增加,从占比 40% 增加到占比 50% 时,污染气体排放量从 0.104 kmol/h 增至 0.403 kmol/h,到占比 100% 时,排放量增加至 7.104 kmol/h。产生此现象的原因同大血藤一样,而泽泻掺入热解中比大血藤产生更多的挥发分,所以在占比为 40% 时就会出现燃烧不充分的现象。

加入 S 污泥后,由于 S 污泥中碳含量很低,虽然热解挥发分不断增加,但 CO_2 排放量随着污泥的占比增加而减少,从纯松木的 10.51 kmol/h 降到了纯污泥的 2.23 kmol/h。而污染气体排放量则是先增加再减小,从纯松木的 0.043 kmol/h 增加到污泥占比为 60% 的 0.060 kmol/h,接着又降低到纯污泥的 0.051 kmol/h。这主要是由于污泥中的 S、N 含量都比较高,所以污染气体排放量先是保持增长的趋势,然而掺烧污泥达到一定比例后,由于其含水率很高,在同一进料流量下,污泥占比较大时,流入热解炉中的多为水汽,流入的硫和氮量则会减少,污染气体排放量随之减少。

P污泥协同热解效果同S污泥一样,各类气体排放趋势类似。CO_2排放量从纯松木的10.51 kmol/h降到了纯污泥的2.45 kmol/h。不同点在于,掺入此污泥时污染气体排放量到占比达40%后就开始下降,从占比为0时的0.043 kmol/h增加到占比40%时的0.046 kmol/h,接着又降低到占比100%时的0.040 kmol/h。出现这一现象的原因是相对于S污泥而言,P污泥的含水率及S含量较少,所以P污泥污染气体排放量变化较小。

F污泥的CO_2及污染气体排放量结果与前述不同,污染气体排放量没有出现下降现象,一直保持上升趋势,随占比的增加从0.043 kmol/h上升到0.174 kmol/h。这主要是由于该污泥相对于前述两种污泥含水率较低,而其S、N含量最高,这就导致污染气体的排放量随着污泥的增加而不断增大。其CO_2排放量随占比增加而不断降低,从最初的10.51 kmol/h降到了4.69 kmol/h,降幅没有前两种污泥大的原因在于其C含量高且固定碳占比较大。

在上述二源固废热解分析的基础上,考虑到大血藤及PAM处理污泥掺入热解原料中生物质炭产率分别下降约2.0%与10.0%,掺入大血藤可使污染气体排放量减少20%,掺入PAM处理污泥可使CO_2排放量减少50%。选择松木、大血藤与PAM处理污泥进行三源协同热解,对比三类物质协同与两类物质协同结果,探寻最优协同情况。结果如图2-7、图2-8所示。

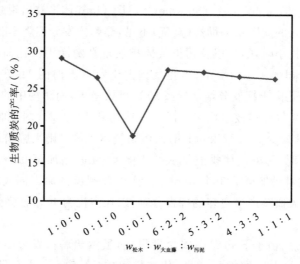

图2-7　热解生物质炭的产率随三类物质占比变化曲线图

由图2-7可知,三类物质热解模拟结果与前述两类物质模拟产物预测趋势相近,在三类物质分别单独热解时,产物产量差异较大,以松木为热解原料时,生物质炭产率最大,大血藤次之,污泥热解制炭则最少。以松木为主要热解物质,逐步增加热解原料中大血藤以及污泥的占比,生物质炭产率随之出现小幅度的下降,与前述

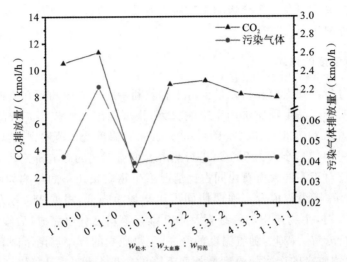

图 2-8　CO_2、污染气体排放量随三类物质协同占比变化曲线图

所得结论类似。

由图 2-8 可知,将三种物质进行热解时,污染气体排放量相较于各类原料单独热解的情况有所增加,出现该现象的原因是在加入低占比的污泥进行协同热解时,通过前述可知,污染气体的排放量呈增加的趋势,虽然加入大血藤可以降低污染气体的排放量,在图中三类物质占比为 5:3:2 的情况下,污染气体的排放量比其他协同占比情况低,但污泥影响程度较大,所以总体上污染气体排放量是增加的。CO_2 排放量则随大血藤及污泥协同占比的增加而不断减少,由图中三类物质单独热解过程的 CO_2 排放量及前述分析可知,造成该现象的原因是污泥的加入对 CO_2 排放量影响较大,使其随着污泥占比的增加而不断减少。

基于上述分析可知,不同的协同热解原料对于热解的产物分布有较大的影响。在二源有机固废热解中,选择大血藤掺入热解原料中进行协同热解效果是最好的,最佳的协同占比范围为 20%～60%,这样既可以保证对热解生物质炭产率影响低,又能够使污染气体的排放量减少 10%～30%,在充分利用大血藤药渣潜在资源的同时减少系统对环境的影响。而污泥中最优的协同热解原料为 PAM 处理污泥,该污泥相对其他污泥而言对生物质炭的产率影响较小,且污染气体排放量较少。

在三源有机固废热解中,松木:大血藤:PAM 处理污泥为 5:3:2 的情况下,结果最优,可使 CO_2 排放量有效减少 20%,但会使热解生物质炭产率减少 1.5%,使污染气体排放量增加 5.6%。

根据二源及三源热解结果分析,加入大血藤作为协同热解原料最小幅度降低了生物质炭产率,虽然提高了 CO_2 排放量,但协同占比在 60% 以下时,可大幅度降低污染气体排放量。其原因主要是大血藤中固定碳含量高,有利于产生生物质炭。进行三源热解分析加入污泥后,会进一步减少生物质炭产率,Fonts 等人研究发现,污泥中所携带的高含量灰分等会影响生物质炭的品质,所以后续研究仅选择大血藤作为协同热解原料进行分析研究。

2.3.2 热解温度的影响

上一节分析可知大血藤掺入量少对于有效利用此类固废的潜在资源意义不大,而掺入过多对于产品生物质炭产率影响较大,且可能出现燃烧不充分的情况,所以选择大血藤占比为 0、20%、30%、40%、50%、60%,温度变化范围则根据实际调研情况选取 400～600 ℃,步长为 20 ℃,进行热解温度对工艺的影响研究。

热解温度对于不同大血藤协同占比情况下生物质炭产率的影响如图 2-9 所示,生物质炭的产率随着温度及大血藤协同占比增加而降低,根据 Ma 等人的研究,温度超过 400 ℃时,生物质中的纤维素及半纤维素等均已分解完成,后续则是原料中的木质素进行分解。因此,随着温度的升高,生物质炭的产率逐渐下降,大血藤协同占比越高,生物质炭的产率随温度增加而下降的幅度会越大,但总体产率下降幅度较小,在各类协同占比的情况下,产率下降幅度均在 1.6% 左右。

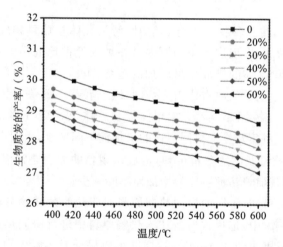

扫码看彩图

图 2-9 不同二源协同占比时生物质炭的产率随温度变化曲线图

热解挥发分通入热风炉燃烧后产生的烟气中,CO_2、污染气体排放量在不同协同占比情况下随热解温度的变化如图 2-10、图 2-11 所示,随着热解温度的提升,烟气中的 CO_2 排放量越来越大,而污染气体排放量出现轻微下降,但在大血藤占比为 60%、温度到达 560 ℃时,污染气体排放量突然大幅提升,出现该现象是由于随着温度的提升,热解挥发分的产量也增加,定量的助燃空气无法使污染气体中可被氧化的部分充分氧化,故污染气体排放量大幅增加。

经分析可知,不同协同占比情况下,生物质炭的产率都会随着热解温度的升高出现小幅度的下降,CO_2 排放量出现小幅度增加,但污染气体排放量下降,需要注意的是,当大血藤协同占比较高时,随着热解温度升高,生物质炭的产率会下降较

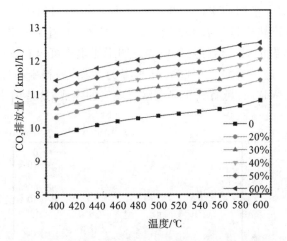

图 2-10　不同二源协同占比情况下 CO_2 排放量随温度变化曲线图

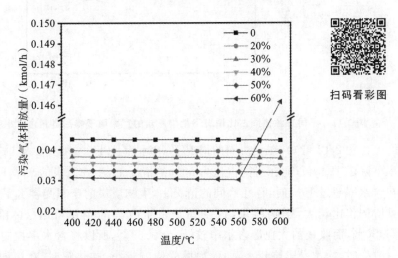

图 2-11　不同二源协同占比情况下污染气体排放量随温度变化曲线图

多,同时可能出现燃烧不充分导致污染气体排放量大幅增加的现象。而根据 Ippolito 等人的研究,随着热解温度的升高,生物质炭的品质会提升,热解温度超过 500 ℃时,生物质炭通常具有更长的半衰期及更高的 C 含量。所以,500~550 ℃是较为合适的热解温度。

2.3.3　含水率的影响

由于 Aspen Plus 中采用的计算器模块主要用于改变干燥后原料的含水率,所以对于含水率的影响研究主要针对其原料干燥程度,即探究经过干燥后原料的含水率对热解产物的影响,为表述方便,采用干燥后原料的含水率作为操纵变量。含水率范围为 2%~20%,步长为 2%。

多源协同占比下生物质炭的产率受干燥程度的影响如图 2-12 所示,随着干燥
程度的减弱,热解模块进料含水率的增加,热解产物中的生物质炭的产率逐渐减少,
这与 Chen 等人所做的农业秸秆热解实验证明干燥烘烤可以有效提高热解生物质炭
的产量结果相近。这主要是由于随着含水率的增加,进料中的固定碳相对含量减
少,且进料的含水率越高,越有利于促进富氢燃气的生成,这些因素导致生物质炭的
产率下降。

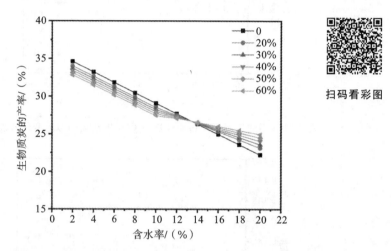

扫码看彩图

图 2-12　不同二源协同占比情况下生物质炭的产率随干燥后进料含水率变化曲线图

由图 2-12 可知,在无协同的情况下,含水率从 2% 增加到 20% 时,生物质炭的产
率下降了 12.3%;而在协同占比为 60% 的情况下,生物质炭的产率下降了 7.8%;且
在含水率超过 10% 时,存在协同的情况下,生物质炭的产率受含水率变化影响较小,
且协同占比越大,影响越小,这主要是由于收集的企业所用松木含水率较高,为
26.50%,而收集的大血藤含水率较低,为 9.68%,所以将含水率控制在 10% 以上进
行改变时,松木受影响较大,而大血藤受影响较小,共热解时,在协同占比较高情况
下,反而能提高生物质炭的产率。

含水率对烟气中 CO_2、污染气体排放量也存在影响,如图 2-13、图 2-14 所示,随
着含水率的增加,热解过程中产生的部分大分子挥发分与水蒸气发生反应,导致
CO_2 排放量增大,污染气体排放量出现轻微减少,此现象与 Ren 等人对热解原料烘
烤干燥对热解气成分影响的研究结果相近。但在含水率较高(超过 12%)时,CO_2
排放量增长趋势减缓,而污染气体排放量大幅增加,这是因为在含水率较高时,热解
挥发分产量增加,助燃空气需求量增加,而固定量的空气不能满足充分燃烧的需求,
故污染气体排放量大幅增加。大血藤协同热解占比越高,CO_2 排放量越多,污染气
体排放量越少,但燃烧不充分的情况也更容易发生。

经分析可知,原料在进入热解模块前,含水率低、干燥程度较高时,热解生物质
炭的产率会提升,且对污染气体排放影响较小的同时可减少 CO_2 排放量。当干燥

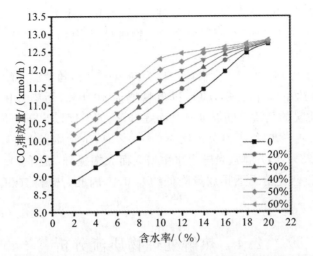

扫码看彩图

图 2-13　不同二源协同占比情况下 CO_2 排放量随干燥后进料含水率变化曲线图

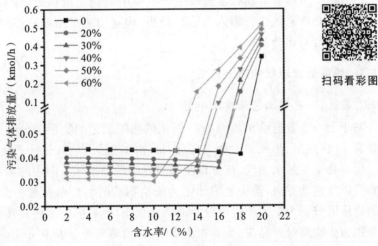

扫码看彩图

图 2-14　不同二源协同占比情况下污染气体排放量随干燥后进料含水率变化曲线图

程度不足、含水率较高时,掺入大血藤进行协同热解可有效降低生物质炭产率的下降程度,但同时在协同情况下更容易出现燃烧不充分导致污染气体排放量大幅增加的情况,应注意增大助燃空气的供给量。

综上所述,在松木中掺入多源有机固废对于热解的产物分布有较大的影响,均会一定程度地降低生物质炭产率,而对于气体排放量影响各有不同。中药渣中的大血藤掺入热解原料中进行协同热解时,由于其固定碳含量较高,所含 S、N 元素较少,对于热解生物质炭的产率影响较小,且能够降低污染气体排放量。大血藤协同占比为 20%～60% 时,生物质炭的产率下降幅度为 0.5%～1.5%,并可使污染气体排放量有效减少 9.3%～30.2%,但同时也会使 CO_2 排放量增加 5.6%～17.0%。

污泥中协同热解效果最好的为 PAM 处理污泥,当其占比为 20％～60％时,CO_2 排放量可有效减少 20.0％～52.9％,但会使生物质炭产率降低 0.9％～3.8％,污染气体排放量增加 5.9％～8.0％。

热解温度为 400～600 ℃、大血藤占比为 0～60％时,随着温度的升高,生物质炭产率小幅下降(约下降 1.5％),CO_2 排放量增加 10.0％,污染气体排放量减少约 2.0％;而生物质炭的品质会随温度升高而提升,热解温度以 500～550 ℃ 为最佳。

含水率为 2％～20％、大血藤占比为 0～60％时,生物质炭产率随含水率增加而下降 7.8％～12.3％,CO_2 排放量随含水率增大而大幅提升(提升 20.0％～30.0％),污染气体在充分燃烧情况下排放量降低约 5.0％,因此,热解前应对原料进行充分干燥。

2.4　热解处理物质流分析

结合前一节内容分析松木热解生产过程中的物质流情况,建立物质流模型,基于该模型对热解系统进行输入与输出分析,构建物质平衡账户,对生产过程中物质利用情况进行对比分析。

2.4.1　热解处理现状物质流分析

2.4.1.1　热解工艺物质流模型

基于上一节数据绘制如图 2-15 所示的热解工艺的物质流分布图。热解过程主要分为干燥、热解、热风炉燃烧三部分,最终的产品由热解工序产出,生产过程中产生的废弃物主要是水蒸气、灰分以及利用后的低温烟气。图中的箭头表示物质的不同类型以及流动方向,箭头上的标记为所给物质的名称以及流量大小,其中外界输入的物质流分别为松木原料流以及助燃空气流;由系统中工序直接流向外界的物质流分别为生物质炭产品流、废弃物流烟气流、水蒸气流以及灰分流;由下游工序返回上游工序的物质流有热解挥发分流,其属于横向循环流,为内部消耗,不计在物料平衡核算之中。

2.4.1.2　热解工艺物料平衡账户

根据建立的热解物质流仿真模型,构建如图 2-15 所示的物质流分布图,对物料种类以及数量的输入、输出进行梳理,以此为基础,为后续评估和量化热解过程中的物质投入、产出以及资源利用率提供分析基础。

由表 2-3 可知,该企业生物质炭生产系统主要输入的物料仅有原料松木以及助燃空气,以输入 1000.0 kg 的原料为基础,需要 1765.9 kg 的空气,输出的物料主要是产品生物质炭 224.5 kg 以及排放出去的各类气体,实际生产过程中,44.3 kg 的灰分会与生物质炭混合在一起。通过对系统进行物料平衡账户构建,可更好地为下一步对生产过程中的资源投入、产出与资源利用进行评估及量化提供基础。

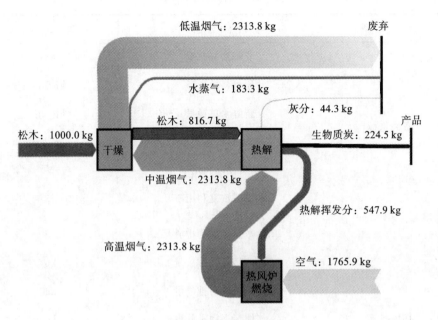

图 2-15 热解工艺物质流分布图

表 2-3 热解工艺物料平衡账户

物 质 流 向	物 质 类 型	名　　称	质量/kg	合计/kg
输入	原料	松木	1000.0	2765.9
	辅料	空气	1765.9	
输出	产品	生物质炭	224.5	2765.9
	废弃物	烟气	2313.8	
		水蒸气	183.3	
		灰分	44.3	
内部循环量	循环物	热利用烟气	2313.8	2313.8

2.4.1.3 热解工艺物质流评价

综合生物质热解工艺企业循环经济建设特点以及生产过程中物质流特征分析,在通用的物质流分析指标体系下,选取客观且能够真实衡量热解企业物质利用情况的指标进行评价分析(表 2-4)。

表 2-4　物质流评价指标

指 标 类 型	指 标 名 称	单　　位
资源指标	资源消耗总量	kg
	原材料单耗量	kg/kg
	新鲜水单耗量	kg/kg
	辅助材料单耗量	kg/kg
	物料循环利用率	%
	水资源重复利用率	%
环境指标	单位产品污染物排放量	kg/kg
	固体污染物排放量	kg
	液体污染物排放量	kg
	气体污染物排放量	kg
	固体污染物排放降低率	%
	液体污染物排放降低率	%
	气体污染物排放降低率	%

　　热解工艺生产过程中主要依靠原材料的输入以及部分热源,而生产中间过程再利用物质为热解挥发分,向环境中排放的物质为水蒸气及供热后的烟气,不需要按照固体、液体、气体三类进行单独统计,可以进行统一的环境指标评价。从循环经济的 3R(reduce、reuse、recycle)原则出发,基于以上分析,从输入、输出及循环过程三方面考虑,选择原材料消耗指标、物质循环指标以及环境指标作为物质流分析指标。

　　一般而言,生产过程中单位产品对于各类资源的消耗能够在一定程度上体现企业或工厂的生产技术水平以及管理水平。在同一条件下,单位产品对于资源消耗得越多,则对于环境的影响就越大,可通过计算原材料单耗量明确热解工艺的资源消耗情况,以此对企业进行考察。

　　原材料单耗量即在生产过程中生产单位产品需要消耗的原材料数量。计算公式如下:

$$\gamma = \frac{\sum_{i=1}^{n} R_i}{P}$$

式中:γ 为原材料单耗量(kg/kg);P 为生产产品量(kg);R_i 为生产所需输入的 n 类

原材料中第 i 类原材料的量(kg)。

　　物料循环指标主要与物料循环利用率有关。物料循环利用率指非产品中可供再利用的其他产物数量占总产物数量的百分比。可循环再利用成分指生产过程中产生的可对热解工艺进行供热的热解挥发分,其计算公式如下:

$$\varphi = \frac{\sum_{j=1}^{r} W_j}{\sum_{i=1}^{n} W_i}$$

式中:φ 为物料循环利用率(%);W_i 为工艺生产产品输出(P)的 n 种物质中的第 i 种物质的量(kg)(n 种物质中含有可回收再利用的物质);W_j 为生产过程中输出的 r 种物质中可供再利用的第 j 种物质的量(kg)。

　　环境效率指单位废弃物排放量所对应的产品量,主要从输出端对废弃物排放程度进行考察。环境效率越高,则说明同一目标产品产量下,废弃物排放量越少,或者在废弃物排放量较少情况下,生产的目标产品越多。计算公式如下:

$$\varepsilon = \frac{P}{\sum_{i=1}^{n-r} W_i}$$

式中:ε 为环境效率(kg/kg);W_i 为工艺生产产品输出(P)的 $n-r$ 种废弃物中第 i 种废弃物的量(kg)。

　　根据上述公式对热解过程进行计算,计算结果如图 2-16 所示。在现行情况下,系统生产单位产品所需消耗的原材料量较大,为 4.45 kg(原料)/kg(生物质炭),环境效率较低,仅为 0.113 kg(生物质炭)/kg(废弃物),物质循环利用主要利用热解产物中可燃气体部分,且进料中含水率较高,导致物质循环利用率不高(小于 12%)。因此,对系统进行多场景分析,找到低原材料单耗量、高环境效率的场景十分必要。

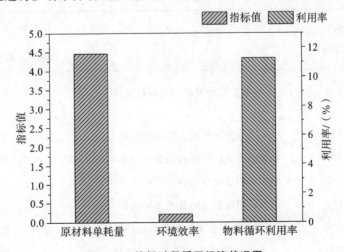

图 2-16　热解过程循环经济状况图

2.4.2　多场景模拟协同热解处理物质流分析

2.4.2.1　参数设定

掺入其他来源有机固废作为协同热解原料、热解温度和含水率对于生物质炭产量都有影响,通过设置不同协同占比、热解温度以及含水率的不同场景,来对比分析在热解工艺流程中的资源消耗、物质循环以及环境效率情况。继续选择中药渣大血藤作为协同热解原料,协同程度设置为无、中(30%)、高(60%)。在设置协同占比时,总进料流量不变,为 1000 kg/h。改变协同占比仅改变其中不同物质的进料量,温度以及含水率数值设置为低(450 ℃、4%)、中(550 ℃、10%)、高(650 ℃、18%)三种,现行场景参数为无协同、550 ℃及10%含水率。

2.4.2.2　场景设置

根据上述参数选择的不同,设置三大类共 14 个场景,其中每一个场景都代表一种可能的提高产量、降低污染的路径以及三类指标的数值范围。现行场景指经调研后得到的热解工厂实际情况下可能会达到的场景,由两参数中等值以及无协同情况组成,同时在现行基础上设置了不同情况的单场景、双场景以及三场景情况,单场景情况下只调整一种参数值(协同从中、高两种情况选择),在参数取最值的情况下对应产品生物质炭率最高与最低的两种场景,在两种场景之间的范围则代表这一参数对于指标的影响范围;当选取两种参数为最值时,对应双场景中产品产率取得最值,形成的范围代表对指标的影响范围;在三场景设置中,三类参数全部取最值,对应最多以及最少的产品产率场景。通过对各类参数的调整而形成的各类场景来代表这些参数节约资源以及减少污染排放的能力,具体场景设置如表 2-5 所示。

表 2-5　热解系统多场景设置

场景 类别	场景 代码	场 景 含 义	场 景 参 数		
			协同	温度	含水率
现行 状况	CP	按照实际情况可能达到的场景	否	中	中
单场景	LC	只调整协同程度的各类指标场景	中	中	中
	HC	只调整协同程度的各类指标场景	高	中	中
	LT	只调整温度的各类指标场景	否	低	中
	HT	只调整温度的各类指标场景	否	高	中
	LW	只调整含水率的各类指标场景	否	中	高
	HW	只调整含水率的各类指标场景	否	中	低

续表

场景 类别	场景 代码	场 景 含 义	场 景 参 数		
			协同	温度	含水率
双场景	LTC	调整温度和协同程度的各类指标场景	中	低	中
	HTC	调整温度和协同程度的各类指标场景	高	高	中
	LWC	调整含水率和协同程度的各类指标场景	中	中	低
	HWC	调整含水率和协同程度的各类指标场景	高	中	高
	LTW	调整温度和含水率的各类指标场景	否	低	低
	HTW	调整温度和含水率的各类指标场景	否	高	高
三场景	LTWC	调整全部参数的各类指标场景	中	低	低
	HTWC	调整全部参数的各类指标场景	高	高	高

注:L 表示低;H 表示高;CP 表示现行场景;C 表示协同;T 表示温度;W 表示含水率。

2.4.2.3　协同效果分析

通过 2.4.1 节中的公式计算不同场景下的物质流分析指标。不同场景原材料单耗量变化如图 2-17 所示。在单场景情况下,随着协同程度的增加,原材料单耗量数值降低,高协同情况下指标降至 4.09 kg/kg,这主要是因为加入大血藤后生物质炭产量略微增加,而系统干燥前的进料不变,一直为 1 t/h,基于式(2-4)计算后,其原材料单耗量下降。与现行状况对比,在较低的温度以及含水率情况下,原材料单耗量都有所下降;在两者处于较高水平时,原材料单耗量数值都已超过了现行情况下的单耗量数值。

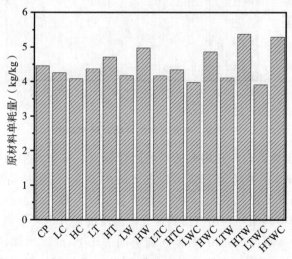

图 2-17　不同场景原材料单耗量图

在双场景情况下,存在协同时,对比现有场景原材料单耗量在大部分场景下有所下降,在低含水率及协同情况下该指标最低,为 3.98 kg/kg,仅在高含水率及协同时,原材料单耗量超出现有场景,为 4.87 kg/kg。无协同时,高温高含水率下原材料单耗量达到所有场景中的最高值,为 5.37 kg/kg,比现行场景下高出 0.92 kg/kg。

在三场景情况下,无协同、低温及低含水率场景下,原材料单耗量为所有场景中的最低值,为 3.91 kg/kg,比现行场景下低了 0.54 kg/kg,相反,在所有参数取最高值时,原材料单耗量仅比无协同高温高含水率场景下低,为 5.29 kg/kg。基于以上分析可知,含水率对于原材料单耗量影响最大,在热解前对原材料进行充分的干燥,保持低含水率进入热解炉是十分必要的,且加入一定的大血藤也可降低原材料单耗量。

不同场景物料循环利用率如图 2-18 所示。改变含水率的场景对于物料循环利用率影响很大,低含水率会降低该指标,高含水率则可以大幅提高物料循环利用率。这主要是由于在考虑循环物料时,基于实际调研结果出发,选择的是所有热解挥发分作为循环物质通入热风炉进行燃烧后产生高温烟气供热,当进入热解炉的原材料含水率较高时,热解挥发分的产量会大幅提高,物料循环利用率也随之增大,但其中含水率较高时,实际的热利用效率提高并不明显,并不一定说明对于系统的物料循环利用率高。

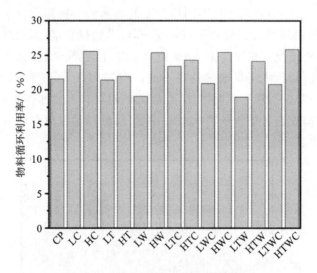

图 2-18　不同场景物料循环利用率图

协同程度对于物料循环利用率的影响同样较大。在加入协同物料后物料循环利用率得到了提高,在单场景下加入高占比的大血藤后,物料循环利用率提升至 25.6%,比现行场景下提升了近 4.0%。这主要是因为掺入大血藤经热解后热解挥发分的产量提高,物料循环利用率得到提升。温度的提升也可小幅度增加热解挥发分的量,从而增大物料循环利用率,但在高协同占比下,温度增加,物料循环利用率反而下降至 24.3%,原因是在该情况下热解挥发分充分燃烧需要的空气量增加,从而导致烟气的排放量增加,但热解挥发分增幅较小,故物料循环利用率下降。

　　不同场景环境效率如图 2-19 所示。在单场景下,大血藤的掺入可有效提高系统的环境效率,减少废弃物的排放。在高协同场景下,环境效率可提升至最高,为 0.130 kg/kg,比现有场景提升了约 15.0%,且在低温、低含水率情况下,环境效率也有较小幅度的提高。

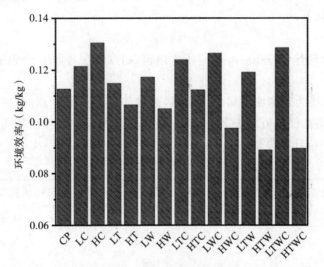

图 2-19　不同场景环境效率图

　　双场景及三场景下,协同、低温及低含水率时,各类场景下的环境效率均有提升,而在高温或高含水率场景下,环境效率会出现下降,特别是在高含水率的场景下,环境效率会大幅度下降。下降最多的场景为高温高含水率场景,相比于现有场景下降了 21.2%,为 0.09 kg/kg。产生此现象的原因主要是含水率过高时,工艺末尾排放到空气中的烟气含量大幅增加,与此同时生物质炭的产量会减少,环境效率下降明显。

　　总体而言,通过对现有热解工艺以及设置的不同场景进行物质流分析可知,掺入 30%~60% 的大血藤作为协同热解原料,并对原料进行干燥,选择 500~550 ℃ 的热解温度可有效降低原材料单耗量,同时提高物料循环利用率以及环境效率。

2.5　热解处理物质流与能量流耦合分析

　　能量流分析旨在研究热解过程的能量流动及转化情况,忽略各个模块间传递所消耗的电能等,只涉及各个物料间能量的传递、热解过程吸收或者放出的能量以及各个反应器的热负荷。

2.5.1　能量流计算原理与方法

　　对单一松木热解系统进行能量衡算,将生产系统中每个环节看作一个独立模块,分别对干燥、热解、燃烧三个模块进行能量流动分析,并将各个模块的能量衡算分析结果整合,绘制出整个系统的能量流动图。

系统输入的能量为原料及助燃空气携带的能量,系统输出的能量包括干燥后水蒸气带走的能量、各类热解产物带走的能量以及反应器热负荷。其中热量主要分为物理热和化学热两类,物理热通过物质本身的定压比热容计算而来,计算基准为 0 ℃,计算公式如下:

$$Q_{物} = c_p \times q \times \Delta t$$

式中:$Q_{物}$ 为物理热(MJ/h);c_p 为定压比热容(kJ/(kg·K));q 为质量流量(kg/h),Δt 为温差(K)。

化学热主要为热解原材料的化学热,通过其低位热值计算,研究所需物料的比热容数值、物质低位热值如表 2-6 所示。生物质炭及反应器负荷等通过能量守恒及 Aspen Plus 模拟计算得到。

表 2-6 物料比热容、低位热值

物 料	比热容/(kJ·(kg·K))	低位热值/(MJ/kg)
松木	1.950	16.29
大血藤	1.610	18.60
生物质炭	2.002	27.36
灰分	1.047	—
空气	1.023	—
水	4.200	—
水蒸气	2.100	—

注:—表示该项无数据。

2.5.2 热解处理现状能量流分析

2.5.2.1 干燥模块物料能量分析

干燥模块输入能量包括生物质的化学热、物理热以及热风炉提供的烟气流所带入的能量。输出能量则包括干燥后生物质带走的能量、水蒸气携带的能量。能量输入中,生物质的化学热为其低位热值与进料流量的积,共为 16290.00 MJ/h;物理热则用式(2-7)计算可得,共为 48.75 MJ/h,原料输入的总能量为 16338.75 MJ/h;通过 Aspen Plus 模拟计算出由热风炉提供的中温烟气流可提供的总能量为 3050.71 MJ/h,干燥所需的能量为 660.43 MJ/h,无法有效利用的能量为 2390.28 MJ/h。能量输出中,水蒸气所携带的能量为其显热与潜热之和,显热按照水与水蒸气两种形态分别按式(2-7)计算,潜热按式(2-8)计算,共为 502.79 MJ/h。

$$Q_{潜} = m \times \Delta_{vap}H$$

式中：m 为物料的质量流量（kg/h）；$\Delta_{vap}H$ 为物料的相变焓（kJ/kg）。

干燥后的生物质所携带的能量则通过能量守恒计算得到，共为 16496.39 MJ/h，该部分能量随着生物质流入热解模块中，作为热解模块的主要能量输入项。干燥模块的物料平衡及能量平衡计算结果见表 2-7，干燥模块的输入能量与输出能量占比如图 2-20 所示，图中扇形面积占比代表了各类物料所携带能量在总能量中的百分比。干燥过程总能耗为 660.43 MJ/h，中温烟气带到干燥模块的热量主要有两个用途，一是使物料能够升温至 130 ℃，二是将原料中所含的水分蒸发掉。其中经干燥过程后带出的水蒸气流量为 183.3 kg/h，占进料总流量的 18.3%，蒸发水分所消耗的能量为 502.79 MJ/h，占干燥模块总能耗的 76.1%，而原料因干燥升温所吸收的热量为 157.64 MJ/h，仅占干燥模块总能耗的 23.9%。

表 2-7 干燥模块物料及能量衡算

物料平衡/(kg/h)			能量平衡/(MJ/h)		
项目	流入	流出	项目	流入	流出
松木	1000.0	—	松木	16338.75	—
中温烟气	2313.8	2313.8	中温烟气	3050.71	2390.28
水蒸气		183.3	水蒸气	—	502.79
干燥原料	—	816.7	干燥原料	—	16496.39
			RStoic 热负荷	—	0
			Flash 热负荷	—	0
合计	3313.8	3313.8	合计	19389.46	19389.46

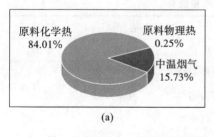
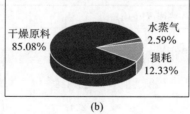

扫码看彩图

(a)   (b)

图 2-20 干燥模块能量输入(a)与输出(b)占比图

通过分析可知，干燥过程主要能耗由蒸发原料中的水分引起，物料升温仅占小部分能耗，因此，在收集到原料后，应尽可能对原料进行自然风干处理，以有效降低干燥过程能耗。

2.5.2.2 热解模块物料能量分析

热解模块输入能量包括干燥后生物质带入能量、烟气携带能量以及反应器释放能量。输出能量由生物质炭、热解挥发分以及反应器吸收热量带走,在 550 ℃的热解温度下,除生物质炭及灰分外的其他产物均以气体形式存在,因此热解挥发分带走的能量中包括热解气、焦油以及水携带的能量。由上一部分分析可知,干燥后松木带入能量为 16496.39 MJ/h,非常规组分经分解后反应器吸收热量 6183.40 MJ/h,分解后单质在 RGibbs 反应器中进行重组反应,根据模拟计算结果可知,RGibbs 反应器在反应过程中热负荷为−6183.40 MJ/h,即放热 6183.40 MJ/h。与此同时,通入反应器中的高温烟气流可提供的总热量为 1983.93 MJ/h,用于热解的热量为 1875.97 MJ/h,损失能量为 107.96 MJ/h。

能量输出项中,生物质炭带走的能量同样分为物理热和化学热,物理热按式(2-7)计算得 247.20 MJ/h;化学热为其流量与热值的乘积,生物质炭热值数据通过 Aspen Plus 查询获取,化学热计算为 6142.32 MJ/h,合计 6389.52 MJ/h;灰分带走的能量仅有物理热,计算为 25.51 MJ/h;挥发分所带走的能量通过能量守恒计算得 11957.33 MJ/h,此部分能量跟随热解挥发分流至燃烧模块,作为该模块的能量输入。

热解模块的物料及能量衡算结果与能量输入与输出占比结果如表 2-8、图 2-21 所示。从上述结果分析可知,热解重组过程中高温烟气带来 1875.97 MJ/h 的能量,即热解模块需要外界供给的能耗为 1875.97 MJ/h,热解产物中生物质炭带走的总能量为 6389.52 MJ/h,占热解模块总能量的 34.6%,而生物质炭的物理热量在空气中散发掉无法被利用,仅有其携带的化学热可被利用,其中可利用能量占总能量的 33.2%,无法被利用的损耗掉的能量占总能量的 1.3%;另一热解产物热解挥发分所带走的总能量较多,占总能量的 64.7%,而该部分产物分离提纯收集较为困难,经济效益不高,所以比较适合作为燃料,基于实际调研,考虑将热解得到的挥发分进行燃烧,为干燥和热解模块供热。

表 2-8　热解模块物料及能量衡算

物料平衡/(kg/h)			能量平衡/(MJ/h)		
项目	流入	流出	项目	流入	流出
干燥原料	816.7	—	干燥原料	16496.39	—
高温烟气	2313.8	2313.8	高温烟气	1983.93	107.96
生物质炭	—	224.5	生物质炭	—	6389.52
灰分	—	44.3	灰分	—	25.51
挥发分	—	547.9	挥发分	—	11957.33
			RStoic 热负荷	—	6183.40
			Split 热负荷	—	0
			RGibbs 热负荷	—	−6183.40
合计	3130.5	3130.5	—	18480.32	18480.32

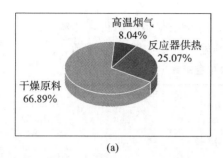
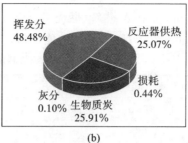

扫码看彩图

(a)　　　　　　　　　　　(b)

图 2-21　热解模块能量输入(a)与输出(b)占比图

2.5.2.3　燃烧模块物料能量分析

热解过程析出的挥发分以及其携带的能量流入热风炉燃烧模块。由热解模块的分析可知,热解挥发分带来的能量为 11957.33 MJ/h,同时流入的能量还包括空气带来的物理热,利用式(2-7)计算为 44.32 MJ/h。输出的能量为燃烧时放出的热量以及烟气带走的热量,模拟计算结果得出 Gibbs 反应器的热负荷为 −3112.94 MJ/h,即燃烧过程中散失的热量为 3112.94 MJ/h,由能量平衡算出烟气带走的热量为 8888.71 MJ/h。燃烧模块的物料及能量衡算结果与能量输入与输出占比结果如表 2-9、图 2-22 所示,由表与图中数据可知,挥发分燃烧后产生的烟气所携带的热量是巨大的,对烟气进行高效利用是十分重要的。

表 2-9　燃烧模块物料及能量衡算

物料平衡/(kg/h)			能量平衡/(MJ/h)		
项目	流入	流出	项目	流入	流出
挥发分	547.9	—	挥发分	11957.33	—
空气	1765.9	—	空气	44.32	—
烟气	—	2313.8	烟气	—	8888.71
			RGibbs 热负荷	—	3112.94
合计	2313.8	2313.8	—	12001.65	12001.65

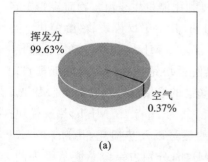
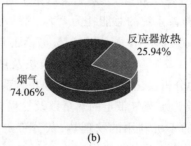

扫码看彩图

(a)　　　　　　　　　　　(b)

图 2-22　燃烧模块能量输入(a)与输出(b)占比图

2.5.2.4 热解处理总物料能量分析

基于以上分析,将干燥、热解、燃烧三个模块的分析结果整合后得到热解系统物料及能量衡算,如表 2-10 所示,系统的能量输入与输出占比如图 2-23 所示。

表 2-10 热解系统物料及能量衡算

物料平衡/(kg/h)			能量平衡/(MJ/h)		
项目	流入	流出	项目	流入	流出
松木	1000.0	—	松木	16338.75	—
空气	1765.9	—	空气	44.32	—
水蒸气	—	183.3	水蒸气	—	502.79
生物质炭	—	224.5	生物质炭	—	6389.52
烟气	—	2313.8	烟气	—	3854.07
灰分	—	44.3	灰分	—	25.51
			干燥热损失	—	2390.28
			热解热损失	—	107.96
			RGibbs 热负荷	—	3112.94
合计	2765.9	2765.9	—	16383.07	16383.07

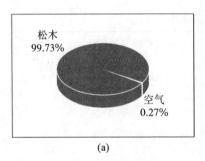
(a)

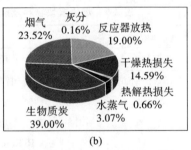
(b)

扫码看彩图

图 2-23 热解系统能量输入(a)与输出(b)占比图

由表 2-10 与图 2-23 可知,热解结束后系统的可利用能量主要由生物质炭带走,占总能量的 39.0%。系统的总能耗为 2580.72 MJ/h,其中干燥模块、热解模块、燃烧模块的能耗分别为 660.43 MJ/h、1875.97 MJ/h、44.32 MJ/h,分别占系统总能耗的 25.6%、72.7%、1.7%。由此可知干燥模块及热解模块是系统的主要能耗模块,后续对系统能耗的分析仅包括干燥及热解模块。系统总的能量损失为 6386.68 MJ/h,其中干燥模块主要为水蒸气带走的热量以及热损耗,共为 2893.07 MJ/h,热解模块为生物质炭带走的不可利用的物理热、灰分带走的热量以及热损耗,共为 380.67 MJ/h,燃烧模块燃烧过程中的热损失为 3112.94 MJ/h,分别占系统总能量损失的 45.3%、6.0%、48.7%。

利用分析所得数据绘制整个系统的能量流动图,系统内所有物料携带能量大小及流动方向如图 2-24 所示,图中 A 为干燥模块,B 为热解模块,C 为燃烧模块,基于图 2-24 及上述数据可进行后续系统能效分析。

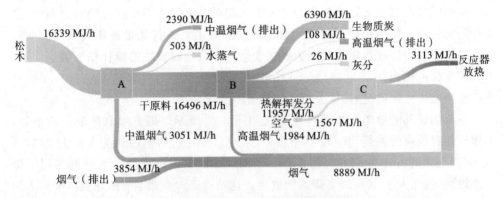

图 2-24 热解系统能量流动分布图

注:图中数据已做修约处理。

对于系统而言,能效是评价其能源效益的关键指标,对系统能效进行计算分析可以掌握热解提质利用过程中系统的能量利用情况,系统能效 η 计算公式如下:

$$\eta = \frac{Q_{CHAR} + Q_{DRY} + Q_{PRY}}{Q_{RAW\ MATERIAL} + Q_{AIR}} \times 100\%$$

式中:Q_{CHAR} 为生物质炭携带的可利用的化学热;Q_{DRY} 为烟气有效供给干燥模块的热量;Q_{PRY} 为烟气有效供给热解模块的热量;$Q_{RAW\ MATERIAL}$ 为原料带来的能量;Q_{AIR} 为空气带来的能量;单位均为 MJ/h。

生物质炭带走的化学热为 6142.32 MJ/h,将数据代入式(2-9)中计算出理论上热解工艺的能效为 53.0%,在整个能量转化过程中没有考虑模块物料传递间的能量损失,因此,系统的能效应略低于模拟计算值。而热解得到的水蒸气显热、干燥过程烟气带来的热损失能量、热风炉燃烧时产生的能量以及最后系统排放的烟气热量均以热传递的形式散失到环境中,若将这部分能量回收,回收效率按我国余热利用平均水平 30% 计,可回收能量 2958.02 MJ/h,系统的能量转化效率为 71.0%,较未回收之前提高了 18.0%。

基于以上分析,在工程实践中为降低系统的能耗,提高系统的能效,不仅可以对原料热解前进行干燥处理,还可以考虑对燃烧过程进行控制,热解挥发分通入热风炉进行燃烧后,对热烟气进行分流,仅通入部分高温烟气至热解模块及干燥模块中,提高系统的能效。对于工艺中的热损失,占比最大的为燃烧过程中的放热,可对热风炉加以改造,对此部分热量进行充分利用。

2.5.3 模拟协同热解处理物质流与能量流耦合分析

多源协同热解、温度、含水率对于热解系统都存在一定的影响,通过此三种因素探究系统能量的变化,对热解系统的能效情况进行多样且全面的评价。

2.5.3.1　协同占比对热解能效影响

热解原料种类的不同对于热解产物分布的影响较大,而掺入中药渣大血藤作为热解原料既可在对工艺影响较小的情况下实现对有机固废潜在资源的有效利用,又能够降低污染气体的排放。现对大血藤协同热解工艺进行能量流研究。以大血藤掺入原料中进行协同热解的比例为操纵变量,干燥、热解模块的能耗作为采集变量,考察大血藤占比为 0、20%、40%、60%、80%(温度 550 ℃,含水率 10%)时,干燥及热解模块能耗变化情况,计算分析系统能效的变化。

系统能耗及能效随大血藤占比变化如图 2-25 所示。随着大血藤配比的增加,干燥与热解模块的能耗均呈现下降趋势,系统总能耗由协同占比为 0 时的 2536.4 MJ/h 降至协同占比为 80% 时的 1094.83 MJ/h,且在大血藤占比小于 40% 时下降速度较快,占比大于 40% 时下降速度放缓。这是由于大血藤本身的热值高于原本的热解原料松木,热解过程中自身释放热量较多,且其含水率较低,干燥过程需要热量较少,所以其干燥和热解模块的能耗下降,且随着大血藤在热解进料中的占比变大,能耗下降速度也会减缓,该结果与贾晋炜对生活垃圾与玉米秸秆共热解能量分析的研究结果相近。而系统能效随着大血藤占比的增加而有所下降,从 53.0% 降至 41.0%,这是因为系统能耗减少,烟气中的大部分热量无法有效利用而损失,故计算得到的系统能效降低。

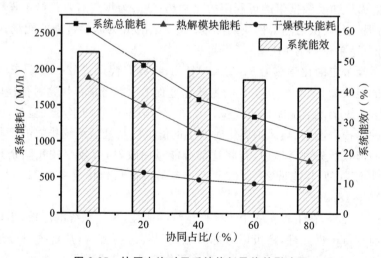

图 2-25　协同占比对于系统能耗及能效影响图

因此,在掺入大血藤进行热解时,可在满足系统热量需求的前提下将产生的部分热解挥发分分流出来提高能效,基于模拟结果将 20% 的热解挥发分分流出来,优化后系统能效如图 2-26 所示,优化后占比 80% 的情况下,能效比现行情况显著降低,在占比 20% 情况下,能效达到最高,为 59.5%,比现行情况提高了 6.5%。

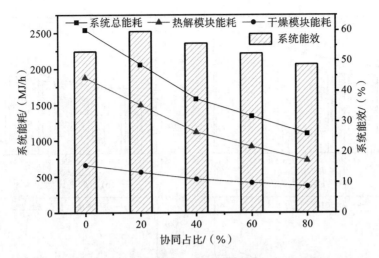

图 2-26　优化后协同占比对于系统能耗及能效影响图

由上述分析可知,大血藤的添加可有效降低系统能耗,但同时会降低系统的能效,可通过对挥发分进行分流达到提高能效的目的,因此,添加一定比例大血藤作为原料输入热解系统中进行协同热解从能源效益方面来看是可行的。

2.5.3.2　热解温度对热解能效影响

热解温度是热解模块中的主要控制参数,温度的改变会对热解模块产生较大影响,但对于干燥模块而言,热解温度的改变不会对其产生影响,干燥模块的能耗不会发生改变,温度的改变对于系统能耗的影响只与热解模块的能耗有关。选择大血藤占比为 0、20%、30%、40%、50%、60%时,将热解温度从 400 ℃增加到 600 ℃,步长为 20 ℃,探究温度对于系统能效及能耗的影响。

多源协同占比下系统能耗及能效随热解温度的变化如图 2-27 所示。在同一协同占比下,热解系统的能耗及能效都随温度提升而增加,系统能耗随温度从 400 ℃提升至 600 ℃增加了 800~900 MJ/h。系统能耗的增加是由于系统物料升温需要吸收更多的热量,且在升温过程中焦油及小分子气体不断析出,挥发分越来越多,所需吸收的热量也不断增加,此结果与 Liu 等人所做的稻草及甘蔗渣热解制炭研究结果相似。系统的能效同样随着温度升高、系统有效吸收热量增加而出现小幅度的提升,系统能效随温度从 400 ℃提升至 600 ℃增加了约 3.0%。协同占比及温度对系统能耗及能效影响的结果结合分析可知,大血藤占比越高,系统能耗及能效的变化幅度随温度的增加而越大,在高温无协同占比时系统能耗最高,为 2807.09 MJ/h,能效同样最高,为 54.0%;在低温高协同占比时系统能耗最低,为 524.03 MJ/h,能效也是最低,为 45.8%。

由此可见,选择 500~550 ℃热解温度和 30%~60%的协同占比,相比现行工况可以有效降低 30%左右能耗并达到较高的系统能效。

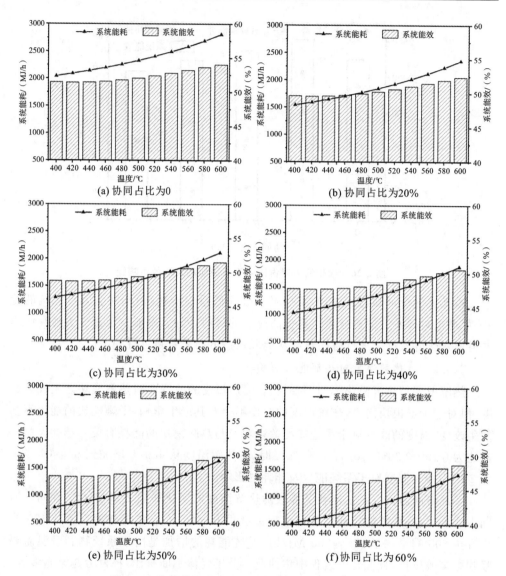

图 2-27　多源协同占比下温度对系统能耗及能效影响图

2.5.3.3　含水率对热解能效的影响

在干燥过程中,水分的蒸发会带走较多的能量,为分析含水率对协同热解系统的能效及能耗的影响,以系统能耗及能效作为采集变量,干燥后生物质的含水率作为操纵变量,含水率范围设置为 2%～20%,步长为 2%,协同占比与前一部分相同,探究原料干燥程度对于系统能耗及能效的影响。

多源协同占比下系统能耗及能效随含水率的变化如图 2-28 所示。在同一协同占比下,随着生物质干燥程度的降低,含水率增加,干燥模块能耗逐渐减少,热解模块能耗则不断提升,且热解模块能耗增大的速率大于干燥模块能耗减小的速率,因此系统总能耗依然呈现上升趋势,此结果与王兵对玉米秸秆含水率对热解系统能耗影响的研究结果相近,系统总能耗随含水率从 2% 提升至 20% 增加了 150~250 MJ/h。这是因为干燥程度的降低导致干燥后生物质含水率增加,干燥过程水分蒸发量减少,所以干燥模块的能耗不断下降,而带有高含水率的生物质进入热解模块造成生物质升温

扫码看彩图

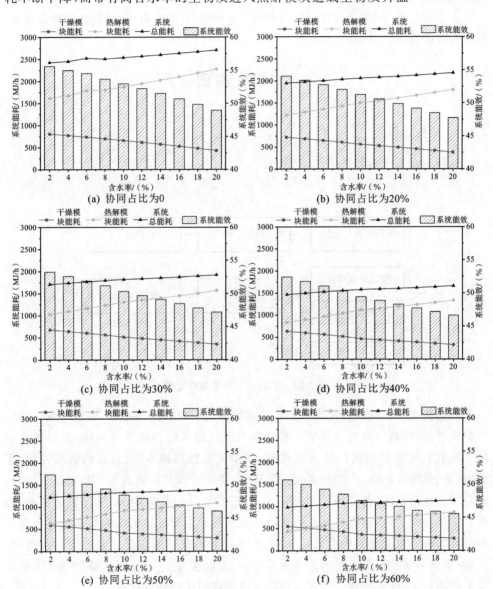

图 2-28　多源协同占比下含水率对于系统能耗及能效影响图

需要吸收更多热量,导致热解模块能耗增加且需要的热量更多,从而导致系统的能耗增加。系统的能效随着含水率从 2% 提升至 20% 下降了 6.0%。这主要是由于干

燥程度减弱导致热解产物中的生物质炭产量减少,系统能效随之下降。在同一含水率下,系统能耗及能效均随着协同占比增加而下降。综合含水率及协同占比对于系统能耗及能效的影响分析可知,大血藤占比越高,系统能耗及能效随含水率增加的变化幅度越小,在低含水率高协同占比时系统能耗最低,为 985.18 MJ/h,低含水率无协同占比时系统能效最高,为 55.6%。

由上述分析可知,通过在原料中掺入 30%～60% 的大血藤,并降低原料含水率,可以有效降低能耗、提高能效。

2.6　热解处理碳核算

2.6.1　研究边界

热解制炭系统边界范围见图 2-29。

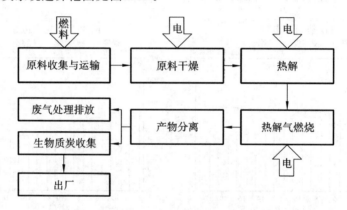

图 2-29　热解制炭系统边界范围

热解制炭工艺碳核算模型基于生产流程分为原料收集与运输、原料干燥、热解、热解气燃烧、产物分离五个环节。界定的系统范围从原料收集与运输、原料进入热解工艺直到生物质炭出厂的生产过程,其中主要包括松木、大血藤的收集运输、干燥、热解、热解气燃烧、产物分离收集等环节,由于后续生物质炭出厂利用范围较广,部分用于生活取暖,部分用于加工艺术品,还有部分用作吸附剂,情况较为复杂,数据收集难度较大,本研究暂时忽略生物质炭后续利用对环境的影响。系统范围界定的标准为物质以及能源的输入与输出,生产过程中的排放以及回收。在本系统中,运输(根据调研预设运输松木距离为 20 km、大血藤为 100 km)、干燥、热解、燃烧均有能源的输入,系统的每一个环节都存在直接或间接的环境排放。

2.6.2　估算方法

热解处理碳排放核算可采用 eBalance 软件。软件支持碳足迹计算,同时提供中国特色的资源特征化因子,选取全球变暖潜能值(global warming potential,GWP)代表碳排放。该指标来源于 IPCC2007,用于评价二氧化碳、甲烷等因子的环境影响,单位为 kg CO_2。

热解工艺中能源的消耗主要是来自设备的耗电及运输过程中燃油的消耗,而工艺中的环境排放分为直接排放及间接排放。直接排放包括运输过程中的尾气排放及产物分离过程中烟气的排放,间接排放指在工艺中资源投入所造成的间接排放。两类热解原料不同的热解工艺的生命周期清单中主要区别在于运输距离的不同及直接排放气体的成分含量不同。

通过对热解企业的走访调研,收集了企业热解处理基本运行数据,主要包括原料产地、运输距离、运输车辆信息、热解过程各环节所耗费电量,热解过程中环境排放数据则通过模拟得到。大血藤热解工艺碳排放是在实际松木热解工艺数据基础上,借助模拟软件获取环境排放数据及实际调研收集其运输距离及热解过程所投入能源及数据进行核算的。基于所获取的数据,将两个不同原料的热解各阶段物质及能源输入与输出清单综合后分别计算出未协同与协同处理情况下的碳排放。松木热解工艺及松木-大血藤协同热解工艺碳收集、模拟数据如表 2-11 所示。

表 2-11 松木热解工艺及松木-大血藤协同热解工艺模拟数据

类 别		单 位	松 木 热 解	松木-大血藤协同热解
能源消耗	原油	MJ	5.6	13.3
	原煤	MJ	297.4	297.8
	天然气	MJ	2.2	2.4
	水	kg	75.8	76.3
环境排放	二氧化碳	kg	485.9	460.6
	一氧化碳	kg	6.4×10^{-3}	1.2×10^{-2}
	甲烷	kg	6.8×10^{-2}	7.0×10^{-2}
	硫氧化物	kg	2.7	2.2
	氮氧化物	kg	1.3×10^{-1}	1.6×10^{-1}
	其他废气	m^3	105.5	105.7
	废水	kg	642.3	617.3
	颗粒物	kg	2.4×10^{-2}	2.5×10^{-2}
	灰渣	kg	2.6	2.6

2.6.3 计算结果

基于物质流与能量流的分析以及环境影响结果,选取未协同及能效、能耗最优的协同处理模式,即单一松木热解工艺(热解温度 550 ℃,含水率 10%)与大血藤占比 40% 的热解原料并充分干燥的工艺(热解温度 550 ℃,含水率 2%)进行碳核算对比。为方便计算,本研究以系统处理 1 t 热解原料排放的 CO_2 为计量单位,kg/t。

碳排放结果如表 2-12 所示。

表 2-12　松木热解与协同热解碳排放结果

处理模式	碳排放量/(kg)					
	运输	干燥	热解	燃烧	分离	总值
松木热解	0.354	8.53	4.26	12.1	463.0	488.24
协同热解	1.210	8.53	4.26	12.1	436.0	462.10

由表 2-12 可知,从过程分类角度分析可知,单一松木热解及协同热解工艺中分离过程的碳排放远超过其他过程,占比超 90%,说明工艺生产过程中产生的直接环境排放对于整个工艺系统的环境影响最大,因此,优化环境影响可对系统产生的热解挥发分进行部分燃烧供热,部分回收利用,对于系统排放的灰尘颗粒物应充分进行捕捉收集,尾气进行适当处理再进行排放。另外,大血藤协同热解过程中,因增加了大血藤运输过程,且运输距离较远,故运输流程比单一松木热解增加了 0.856 kg CO_2 的排放,但协同热解降低了分离过程的碳排放,相较于单一松木热解碳排放减少了 5.35%,说明适量的协同处理有利于提高热解环境效益。

2.7　本 章 小 结

基于目前我国有机固废处理方式资源化效率低、处理原料较为单一,对于有机固废协同处理研究较少,选取典型农林源、工业源及生活源典型有机固废进行有机固废的协同热解研究。对热解制炭工艺进行了模拟研究,分析了典型有机固废掺入热解原料中对于工艺的影响,并研究了热解条件对热解工艺的影响;借助物质流与能量流分析方法,对系统的资源利用效率进行了分析评价。主要结论如下:

(1) 利用 Aspen Plus 软件建立了热解制炭工艺仿真模型。按照热解制炭工厂实际生产数据设定相关参数,通过实际数据与模拟数据对比验证了仿真模型的可靠性。温度为 500~700 ℃ 时,模拟结果与实验结果相差不大,在 600 ℃ 左右时重合度较好。500 ℃ 时生物质炭,500 ℃、700 ℃ 时热解油模拟数据与实验数据误差在 10% 左右;500 ℃ 时可燃气,600 ℃ 时生物质炭、热解油、可燃气,700 ℃ 时生物质炭、可燃气误差在 5% 左右,认为仿真模型具有较好的可靠性。

(2) 基于构建的热解仿真模型探究各类热解原料组成、热解温度及干燥后原料含水率对于热解工艺影响。结果表明中药渣大血藤是所选典型有机固废中作为热解原料与松木共热解最优的一种,大血藤以 20%~60% 的占比掺入原料中与松木进行热解时,可使污染气体排放量有效减少 9.3%~30.2%,但是生物质炭的产率会下降 0.5%~1.5%,主要是因为原料中固定碳的减少,使生物质炭产率降低,CO_2 排放量会增加 5.6%～17.0%。热解温度为 500～550 ℃时,对原料进行充分的干燥可提高生物质炭品质并使生物质炭产率提升 5%左右,使 CO_2 排放量减少 15.0%左右。

(3) 热解工艺物质流分析结果表明,含水率对原材料单耗量影响较大,温度的影响次之。温度越高、含水率越高,原材料单耗量越高;含水率、协同占比对物料循环利用率影响较大;含水率越高,协同占比越高,物料循环利用率越高;但含水率的提高会使系统水分占比较大,对提高热利用效果并不起作用。含水率对环境效率影响较大,高含水率会使环境效率大幅度下降。

(4) 热解工艺能量流分析结果表明,热解系统现行工况能效为 53.0%,损耗较大,如按 30%的余热回收效率进行能量回收,系统能效可提高到 71.0%,相较现行工况增加 18.0%。系统掺入 30%～60%大血藤协同热解并分流热解挥发分,可降低能耗,提升能效。热解温度升高会增加系统能耗,但可提高系统能效,建议热解温度为 500～550 ℃。原料含水率提高,会增加系统能耗、降低系统能效,热解系统前需对原料进行充分干燥。

(5)选择单一松木热解工艺(热解温度 550 ℃,含水率 10%)与大血藤占比 40%的热解原料并使用充分干燥的工艺(热解温度 550 ℃,含水率 2%)进行碳核算对比。协同热解情况相较于单一松木热解碳排放减少了 5.35%,主要是因为降低了分离过程的碳排放,即减少了直接环境排放,说明适量的协同处理有利于提高热解工艺环境效益。

综合物质流、能量流分析结果,在原料中掺入 30%～60%的大血藤协同热解并降低原料含水率,在 500～550 ℃的温度下热解,可使各类物质流评价指标达到最优;对热解挥发分进行分流,系统能效可提高 3.0%～6.0%;协同热解大血藤占比为40%时可减少 5.35%的碳排放。

参 考 文 献

[1] 赵志月,蒋志伟,曾永健,等.农林生物质热解制富酚生物油研究进展[J].能源环境保护,2023,37(2):134-146.

[2] Zhu J,Yang Y,Yang L,et al. High quality syngas produced from the co-pyrolysis of wet sewage sludge with sawdust[J]. International Journal of Hydrogen Energy,2018,43(11):5463-5472.

[3] Lin Y,Liao Y F,Yu Z S,et al. A study on co-pyrolysis of bagasse and sewage sludge using TG-FTIR and Py-GC/MS[J]. Energy Conversion and Management,2017,151:190-198.

[4] Tchapda A,Pisupati S. A review of thermal co-conversion of coal and biomass/waste[J]. Energies,2014,7(3):1098-1148.

[5]　阎维平,陈吟颖.生物质混合物与褐煤共热解特性的试验研究[J].动力工程,
　　　2006(6):865-870,893.

[6]　易霜,何选明,程晓晗,等.褐煤与石莼低温共热解产物特性研究[J].化学工
　　　程,2016,44(7):64-68.

[7]　魏楚韵,张金泰,刘国庆,等.中药渣协同热解物质流和能量流分析[J].能源环
　　　境保护,2023,37(6):43-54.

[8]　韩平,罗瑶,马丽丽,等.原料种类及热解温度对生物质炭理化特性影响的试验
　　　研究[J].可再生能源,2023,41(6):717-724.

[9]　朱锡锋.生物质热解原理与技术[M].北京:科学出版社,2006.

[10]　孙兰义.化工过程模拟实训:Aspen Plus教程[M].2版.北京:化学工业出版
　　　社,2017.

[11]　冯东征.基于Aspen Plus的生物质与煤低温共热解的能效评价[D].武汉:武
　　　汉科技大学,2019.

[12]　杨肖.基于真空热解的褐煤多产品转化实验研究[D].天津:天津大学,2016.

[13]　李新.农作物秸秆连续回转式炭化技术研究[D].长春:长春理工大学,2021.

[14]　刘钊.生物质与煤混烧及其污染物排放特性[D].北京:华北电力大学,2014.

[15]　Ippolito A,Cui L Q,Kammann C,et al. Feedstock choice,pyrolysis temperature
　　　and type influence biochar characteristics:a comprehensive meta-data
　　　analysis review[J]. Biochar,2020,2(4):421-438.

[16]　陈瀛,张健,王楠.盐湖化工企业生产系统的物质流模型研究——以镁盐深加
　　　工生产系统为例[J].工业工程与管理,2013,18(3):127-133.

[17]　雅玲.工业余热高效综合利用的重大共性基础问题研究[J].科学通报,2016,
　　　61(17):1856-1857.

[18]　贾晋炜.生活垃圾和农业秸秆共热解及液体产物分离研究[D].北京:中国矿
　　　业大学,2013.

[19]　王兵.生物质固体热载体法热解耦合催化提质制取燃料油模拟研究[D].淄
　　　博:山东理工大学,2020.

第3章　多源有机固废焚烧处理物质流与能量流耦合分析

焚烧是我国目前生活垃圾的处理方式,在无害化处理中所占比例逐年上升。生活垃圾焚烧所产生的化学能转化为电能或热能,可达到废物资源化的目的。针对单一固废建设热处理厂存在建设周期长、投资成本高、物料波动性大等问题,我国相关政策鼓励多源固废协同焚烧,如协同处理污泥、造纸废渣等有机固废,有效减少垃圾的体积和用地,消除有害微生物,实现无害化、资源化处理目标。我国生活垃圾具有"高水分、高灰分、低热值"等特点,且垃圾成分复杂多变,焚烧炉运行各阶段垃圾热值相差较大,导致垃圾焚烧炉燃烧不稳定和热效率的下降。我国生活垃圾协同处理仍处于起步阶段,而污泥、造纸废渣等多源有机固废来源广、组分复杂,同时,由于地域环境、工艺流程、焚烧炉处理负荷、协同占比等差异,目前参数调控与工艺效能关系尚不清晰,缺少对协同焚烧处理物质流与能量流进行分析评价。

有机固废协同焚烧,可实现废物资源化,降低资源消耗,但协同时可能会导致炉膛内的整体温度发生波动进而影响发电量,同时 NO_x 排放量也会增加,因此寻找合适的协同占比也至关重要。生活垃圾含水率是影响热值的一个重要因素,研究表明,生活垃圾的含水率每提高 1%,热值将会降低 118.693 kJ/kg,进而将导致发电量的下降。而过量空气系数 α 会影响锅炉能效水平,过量空气系数 α 过大,将引起送、引风机能耗增大、排烟热能损失增加、尾部受热面磨损增加、炉膛温度降低,焚烧完全程度降低,尤其是输入燃料品质较差,将导致系统熄火;过量空气系数 α 过低,将使得不完全燃烧损失增加,进而造成炉内结焦,将会增加受热面积灰、煤粉炉爆燃的风险。综上所述,选取有机固废在生活垃圾中占比、含水率及过量空气系数 α 三类影响因素进行分析研究。

由于炉排炉内垃圾焚烧过程是极复杂的化学反应过程和流体换热过程,汽轮发电机组内则是复杂的能量转换过程,这两个过程实际运行数据获取较困难,同时,生活垃圾、污泥、造纸废渣等有机固废组分具有一定的波动性,实验室开展多源协同焚烧物质流与能量流的工作难度较大,为此,需要利用模拟软件构建协同焚烧仿真模型,预测多源有机固废协同处理结果,分析其组分特性,对多源有机固废资源化利用具有重要的理论和实践意义。

利用焚烧无害化处理优势,基于物质流、能量流分析方法,针对长江经济带典型大中城市的焚烧发电工艺进行工艺流程建模,在现有的运行工艺实况基础上,进行典型固废的协同处理模拟,如市政污泥、造纸废渣、生活垃圾等,并对不同协同状态下的物质转化、能量流动规律进行分析以及碳排放进行核算,以探究有机固废高效、低碳、低耗协同处理方式。

3.1　多源有机固废焚烧原料

所采用的生活垃圾源于长江经济带孝感市生活垃圾焚烧发电厂；造纸废渣源自长江经济带某市造纸厂，其中造纸脱墨污泥为废纸回收利用过程中脱墨处理时形成的固体废渣，造纸生化污泥源于造纸企业污水经生化处理二沉池阶段；市政污泥源于不同调理脱水方法的城市污水处理厂污泥。

生活垃圾、工业源造纸废渣及不同处理工艺的生活源污泥工业分析、元素和灰分分析分别如表 3-1、表 3-2 所示。

表 3-1　固废工业分析(干基)

种类	名称	含水率/(%)	固定碳含量/(%)	挥发分含量/(%)	灰分含量/(%)
有机固废	生活垃圾	28.22	3.19	68.28	28.53
造纸废渣	脱墨污泥	75.00	6.39	58.99	34.62
	生化污泥	75.00	14.02	53.58	32.41
市政污泥	石灰铁盐处理污泥	77.82	2.39	35.21	62.40
	PAM 处理污泥	65.24	7.25	25.35	67.41
	芬顿处理污泥	45.15	11.70	36.19	52.11

表 3-2　固废元素和灰分分析

种类	名称	w_C/(%)	w_H/(%)	w_O/(%)	w_N/(%)	w_S/(%)	w_{Cl}/(%)	w_{ASH}/(%)	LHV/(MJ/kg)
有机固废	生活垃圾	43.80	4.95	20.66	1.73	0.34	0.68	27.84	9.52
造纸废渣	脱墨污泥	33.46	4.41	26.90	0.33	0.28	—		11.84
	生化污泥	28.62	4.92	30.15	1.99	1.92	—		11.70
市政污泥	石灰铁盐处理污泥	15.30	2.97	15.68	2.26	0.53	—	63.26	5.28
	PAM 处理污泥	16.69	2.93	10.11	2.79	0.33	—	67.15	7.26
	芬顿处理污泥	23.02	3.69	16.02	4.20	1.00	—	52.07	9.76

注：—表示未检测到该元素或物质。

3.2　多源有机固废焚烧处理物质流与能量流分析方法

3.2.1　焚烧处理工艺概述

　　孝感市生活垃圾焚烧发电厂建设总规模为日处理垃圾 2250 t(3×750 t/d)(1×35 MW 和 1×18 MW 汽轮发电机)。垃圾焚烧发电项目作为静脉产业园的核心项目,将同时考虑后期产业园区可能新增的污泥、餐厨垃圾等项目的整体布局。一期建设规模:日处理垃圾为 1500 t(2×750 t/d)(1×35 MW 汽轮发电机);二期预留 1×750 t/d(1×18 MW 汽轮发电机)。设备年有效工作时数为 8000 h。

　　烟气净化工艺采用"SNCR 脱硝+旋转喷雾半干法脱酸+消石灰喷射干法脱酸+活性炭喷射吸附+袋式除尘"组合工艺;垃圾渗滤液采取"预处理+厌氧反应器+膜生物反应器(MBR)+NF+RO"的工艺进行处理;炉渣采用外运综合利用,而飞灰先集中到灰库,稳定固化后的飞灰运送至配套的垃圾卫生填埋场处理,发电厂生活垃圾焚烧工艺流程如图 3-1 所示。

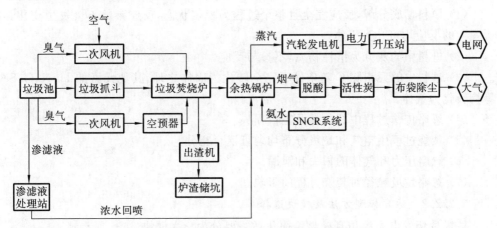

图 3-1　发电厂生活垃圾焚烧工艺流程

3.2.2　焚烧处理工艺仿真模型建立

3.2.2.1　建模原理
　　焚烧系统采用炉排垃圾焚烧炉进行焚烧,主要分为三个阶段:预热干燥阶段,将生活垃圾烘干,水分蒸发逸出,原料化学组分几乎不变;高温燃烧阶段,使烘干后的生活垃圾在 800~1000 ℃燃烧;燃尽阶段,将燃烧后的灰渣从炉底排出。

　　烟气净化系统,SNCR 脱硝的原理:800~1100 ℃余热锅炉内,不需加入催化剂,直接向炉内喷射还原剂 NH_3 以还原 NO_x,其反应方程式如下:

$$4NH_3+4NO+O_2 \longrightarrow 4N_2+6H_2O$$

$$4NH_3 + 5O_2 \longrightarrow 4NO + 6H_2O$$

旋转喷雾半干法脱酸与消石灰喷射干法脱酸原理：从余热锅炉出来的烟气进入半干式反应塔，喷射冷却水以降低温度并增加湿度，促使化学反应的进行。消石灰喷射干法脱酸主要在烟气从反应塔出来之后，在布袋除尘器之间的烟道喷射消石灰干粉，使其与酸性气体发生中和反应。脱酸的反应方程式如下：

$$SO_2 + Ca(OH)_2 \longrightarrow CaSO_3 + H_2O$$

$$SO_3 + Ca(OH)_2 \longrightarrow CaSO_4 + H_2O$$

$$2HCl + Ca(OH)_2 \longrightarrow CaCl_2 + 2H_2O$$

换热与发电系统，余热发电原理：循环水在余热锅炉内与垃圾焚烧产生的高温烟气中换热，产生过热蒸汽，推动涡轮转动带动发电机，发电机的叶片转动后，将机械能转化为电能，等熵效率及机械效率分别设定为80%、98%。

考虑炉排炉内垃圾焚烧化学反应过程和流体换热过程及汽轮发电机组能量转换过程将仿真模型流程简化为垃圾焚烧、换热与发电、烟气净化三个模块，并且将焚烧过程简化为垃圾热解和裂解产物两个独立过程，对换热与发电模块进行一定程度的简化。建模过程中具体假设条件如下。

（1）原料彻底分解，反应完全且整个过程为稳定状态，反应参数不会发生变化，所发生的反应均可达到平衡。

（2）进料中的灰分为惰性物质，不参与反应。

（3）进料中的元素除 C 随条件不完全转化为固体之外，其他元素如 H、N、O、S 等均转化为气体。

（4）忽略传输过程中的物料及能量损失。

（5）焚烧过程中空气和垃圾分布均匀且混合充分。

（6）忽略压力和气体的损失和泄漏。

（7）忽略垃圾粒径对焚烧过程的影响。

3.2.2.2　仿真模型方法及模块选择

垃圾焚烧发电系统仿真模型经简化后主要分为三大模块。

首先是焚烧模块，利用可计算分解产率的 RYield 反应器依照非常规物质原料的元素分析数据将其分解为单质以及惰性组分灰分，表达式如下：

$$MSW \longrightarrow C + H + S + N + O + ASH$$

生活垃圾具体分解产率则需要通过计算器模块嵌入一段 Fortran 语句进行计算得到，Fortran 语句如下：

$$FACT = (100 - WATER)/100$$

$$H_2O = WATER/100$$

$$ASH = ULT(1)/100 * FACT$$

$$CARB = ULT(2)/100 * FACT$$

$$H_2 = ULT(3)/100 * FACT$$

$$N_2 = ULT(4)/100 * FACT$$

$$Cl_2 = ULT(5)/100 * FACT$$

$$SULF = ULT(6)/100 * FACT$$

$$O_2 = ULT(7)/100 * FACT$$

其中,FACT 代表原料干基含量,ULT(1)~ULT(7)代表对应的原料元素分析的含量。分解后的单质输入拟合热力学平衡状态的 RGibbs 反应器中进行热解重组,重组后即可得到烟气及灰分,RGibbs 反应器遵循吉布斯自由能原理,能够使反应过程迅速实现热化学配合和相平衡,选择 RGibbs 反应器的计算选项时由于实际生产过程中不可能达到完美平衡,所以需要限制其平衡条件以修正仿真模型计算过程中可能出现的误差。

产生的烟气及灰分经过 SSplit 分流器进行两相分离后,将分离后的烟气通入氨水在 Mixer 混合器 2 进行混合,混合后进入 RGibbs 反应器进行脱硝反应,NO_x 被还原为 N_2。

其次,换热与发电模块,从余热锅炉出来的脱硝后的烟气,通过模拟换热过程的 Heater 换热器 1 和 Heater 换热器 2 模拟水冷壁换热过程产生过热蒸汽,然后通过 Flash 分流器实现气液分离,分离后的蒸汽进入 Compr 汽轮发电机模拟做功过程,实现热能转化为机械能,机械能转化为电能。此外,用 Heater 换热器 3、Heater 换热器 4 模拟空气预热器,将一次风加热到所需的温度后与二次风在 Mixer 混合器 1 中混合后通入焚烧炉(RGibbs 反应器)助燃。换热与发电模块对换热系统进行一定程度的简化,只考虑主要的换热过程,其他过程忽略。

最后,烟气净化模块,烟气经脱硝及换热后,进入可规定反应程度的 RStoic 反应器,并通入 $Ca(OH)_2$ 进行反应以达到脱酸的目的,该过程对半干法-干法脱酸进行简化,只考虑主要的反应过程,反应温度设定为 150 ℃、压力为 101.3 kPa。

之后通过 Flash 分流器实现气液分离,分离后的烟气在 Compr 风机作用下,进行活性炭吸附、布袋除尘等工艺处理,该过程省略。

借助 Aspen Plus 建立的生活垃圾焚烧发电仿真模型如图 3-2 所示。

3.2.2.3　物性方法及仿真模型参数选择

Aspen Plus 中使用的物性方法是指用于对不同工艺流程及平衡反应进行计算的不同仿真模型及方法的合集。精确且可靠的模拟需要选择正确的物性方法及工艺参数,物性方法的选取规则主要由系统中常规组分的种类决定,而焚烧过程中的主要产物烟气均为常规气体,属非极性物质。选择 RK-SOAVE 作为仿真模型的基本物性方法。此外,仿真模型中包括常规组分、非常规组分及惰性组分,由于存在非常规固体原料及惰性组分灰分,全局流量类型需选择 MCINCPSD,对系统进行能量计算时涉及物料的热量计算,选择软件中的 HCOALGEN 与 DCOALIGT 方法作为原料焓及密度的计算方法。

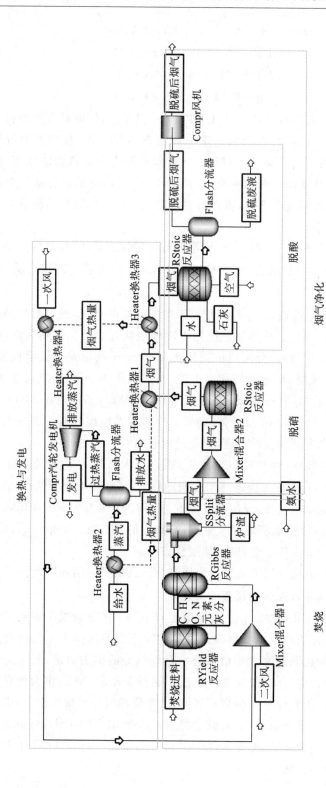

图 3-2　生活垃圾焚烧发电仿真模型图

3.2.3　仿真模型参数设定

通过对垃圾焚烧企业的调研及对生产资料、检测报告的统计分析,焚烧仿真模型输入的生活垃圾相关分析数据见表 3-3、表 3-4,2021—2022 年生活垃圾特性如表3-5 所示。由表 3-5 可知,孝感市生活垃圾焚烧发电厂生活垃圾的湿基低位热值、湿基高位热值、干基高位热值分别为 $0.2238 \times 10^4 \sim 2.0531 \times 10^4$ kJ/kg、$0.3673 \times 10^4 \sim 2.2290 \times 10^4$ kJ/kg、$0.6289 \times 10^4 \sim 3.7540 \times 10^4$ kJ/kg,均值分别为 0.9522×10^4 kJ/kg、1.0640×10^4 kJ/kg、1.5312×10^4 kJ/kg;含水率为 $15.88\% \sim 54.98\%$,均值为 28.22%,展现出长江经济带特有的"湿热"特性。

表 3-3　生活垃圾工业分析(混基)

指　　标	占比/(%)
含水率	28.22
挥发分	49.01
固定碳	2.29
灰分	20.01
其他	0.47%

表 3-4　生活垃圾元素和灰分分析

指　　标	数　　值
C/(%)	43.80
H/(%)	4.95
O/(%)	20.66
N/(%)	1.73
S/(%)	0.34
Cl/(%)	0.68
ASH/(%)	27.84
LHV/(MJ/kg)	9.52

表 3-5　2021—2022 年生活垃圾工业分析

年份	月份	热值/(×10⁴ kJ/kg)			可燃物含量/(%)	灰分含量/(%)	硫含量/(%)	含水率/(%)	烘干后		
		湿基低位热值	湿基高位热值	干基高位热值					含水率/(%)	灰分含量/(%)	固定碳含量/(%)	挥发分含量/(%)
2022	1	0.9001	0.9300	1.1520	44.90	55.10	ND	19.26	2.66	25.59	2.45	69.30
	2	0.4808	0.5776	0.6866	81.01	18.99	ND	15.88	2.64	20.07	3.91	73.38

续表

年份	月份	热值/(×10⁴ kJ/kg)			可燃物含量/(%)	灰分含量/(%)	硫含量/(%)	含水率/(%)	烘干后			
		湿基低位热值	湿基高位热值	干基高位热值					含水率/(%)	灰分含量/(%)	固定碳含量/(%)	挥发分含量/(%)
2022	3	0.8828	0.9040	1.2670	42.78	57.22	ND	28.65	2.24	22.55	5.27	69.94
	4	1.0010	1.0720	1.6060	54.08	45.92	ND	33.27	1.39	18.16	2.90	77.55
	5	1.1460	1.2140	1.828	58.07	41.93	ND	33.57	1.52	12.62	3.28	82.58
	6	1.1150	1.1910	1.5090	72.84	27.16	ND	21.09	1.39	43.71	2.02	52.88
	7	1.1860	1.2490	1.5620	83.26	16.74	4.5	20.05	1.60	52.56	2.00	43.84
	8	0.7022	0.9838	1.2300	83.02	16.98	ND	20.00	1.46	32.94	4.05	61.55
	9	1.2280	1.3980	1.9220	89.12	10.88	ND	27.26	2.02	22.57	4.21	71.20
	10	1.2440	1.3060	1.6130	72.68	27.32	ND	19.04	1.50	29.49	1.22	67.79
2021	1	2.0531	2.1640	2.2277	87.53	12.47	ND	35.75	—	—	8.05	79.79
	2	1.3880	1.4760	1.5220	84.13	15.87	ND	36.11			16.87	69.63
	3	0.7652	0.9125	1.4590	84.30	15.70	ND	33.03			9.55	71.60
	4	1.1360	1.1820	1.4630	42.80	57.20	ND	19.16			12.70	66.40
	5	0.2981	0.4136	0.6289	45.81	54.19	ND	24.64			12.94	63.56
	6	0.6501	0.8453	1.7146	64.27	35.73	ND	21.46			12.76	62.85
	7	0.7839	0.9966	2.2512	85.28	14.72	ND	31.35			12.29	68.71
	8	0.2238	0.3673	0.7910	80.04	19.96	ND	24.18			11.36	64.22
	9	0.4952	0.6362	0.8130	78.44	21.56	ND	31.25			—	—
	10	2.0360	2.2290	3.7540	75.74	24.26	ND	28.89			11.48	61.20
	11	0.6017	0.6687	1.1530	24.40	75.60	ND	41.99	2.10	64.19	11.22	22.49
	12	0.6318	0.6905	1.5340	37.57	63.43	ND	54.98	3.46	31.04	2.28	63.21
均值		0.9522	1.0640	1.5312	66.91	33.13	4.50	28.22	2.00	31.29	7.28	64.94

注:ND 表示低于检测限,—表示未统计到该数值。

参照实际调研参数,整个仿真模型的流程参数设置如下:原料进料速度为 80 t/h,焚烧反应器温度设置为 1000 ℃,脱硝温度设置为 1000 ℃,脱酸温度设置为 150 ℃,过热蒸汽的压力设置为 6.5 MPa,温度设置为 450 ℃。

1 kg 生活垃圾完全燃烧所需要氧气理论体积计算如下:

$$V_{O_2}^0 = \frac{22.4}{100} \times \left(\frac{\omega_C}{12} + \frac{\omega_H}{4.032} + \frac{\omega_S}{32} - \frac{\omega_O}{32} \right) \text{m}^3/\text{kg}$$

式中:ω_C、ω_H、ω_S、ω_O 表示生活垃圾中该元素占比,空气中氧气的体积分数为 20.95%,

故 1 kg 生活垃圾完全燃烧所需要空气质量理论上为：

$$m_k^0 = 1.293 \times (0.0891\omega_C + 0.2652\omega_H + 0.0334\omega_S - 0.0334\omega_O)\text{kg}$$

生活垃圾进料按 80 t/h，过量空气系数取 2.1，一次风、二次风占比分别为 65％、35％，则一次风、二次风单位时间的质量分别为 35.19 t、18.95 t。

3.2.4　仿真模型验证

为验证和优化多源有机固废焚烧处理仿真模型的可靠性，以生活垃圾为原料分析所搭建的焚烧发电仿真模型。实际参照值包括企业 2022 年 4 月生产资料排放气体中 HCl、SO_2、CO、NO_x、CO_2、O_2 的浓度折算值，烟气温度及发电量的区间，进行一定计算修正后，与仿真模型的结果进行对比，以验证仿真模型为标准，并予以校正。分析结果见表 3-6、表 3-7。

表 3-6　污染气体对比情况

参　数	HCl 折算值 /(mg/m³)	SO₂ 折算值 /(mg/m³)	CO 折算值 /(mg/m³)	NOₓ 折算值 /(mg/m³)
执行标准限值（1 h 均值）	60	100	100	300
平均值	12.47	30.50	2.80	160.71
最小值	3	10	2	102
最大值	53	49	4	226
模拟结果	51.46	48.04	0.02	120.76
是否在最值范围内	是	是	否	是
相对误差	—	—	99.09	—

表 3-7　其他指标对比情况

参　数	NH₃ 折算值 /(mg/m³)	CO₂ 折算值 /(%)	O₂ 折算值 /(%)	烟气温度 /℃	发电量 /(kW·h)	锅炉产气量 /(kg/h)
平均值	1.50	8.30	8.08	219.10	34727.78	146030.00
最小值	1.25	6.18	7.61	215.41	—	—
最大值	1.68	12.52	11.38	221.90	—	—
模拟结果	1.47	9.93	12.28	255.75	35320.31	128076.34
是否在最值范围内	是	是	否	否	—	—
相对误差	—	—	7.89	15.02	1.72	12.29

由表 3-6 可以看出,除了烟气组分占比较小的 CO 外,其他污染气体模拟结果都在生产报表极值范围区间内,且符合《生活垃圾焚烧污染控制标准》(GB 18485—2014)排放要求。CO 折算误差较大,主要是由于仿真模型的空气供给充足,垃圾燃烧反应充分,故烟气中的 CO 含量较少,容易波动。

由表 3-7 可以看出,O_2、烟气温度、锅炉产气量中最大相对误差为 15% 左右,可认为该仿真模型具有良好的可靠性,可进行后续物质流、能量流等相关分析。

3.3　焚烧处理影响因素分析

3.3.1　协同占比的影响

基于长江经济带大中城市双重"湿热"特点的多源有机固废,调研孝感市生活垃圾焚烧发电厂原料来源,市区内产量较多的几种有机固废(造纸废渣、市政污泥)与生活垃圾进行协同焚烧,其固废种类及组分数据见表 3-1、表 3-2。将收集到的五种工业源及生活源固废分别掺入生活垃圾中进行焚烧,根据企业的实际处理能力、要求和计划,为降低系统能耗,确保焚烧炉能够稳定运行,一般将最高协同占比控制在 20% 以下,协同占比从 0~20%,以 4% 为步长递增,发电量随协同占比变化结果如图 3-3 所示。S 污泥、P 污泥、F 污泥分别代表石灰铁盐处理污泥、PAM 处理污泥与芬顿处理污泥。

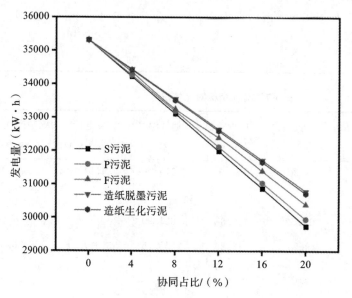

扫码看彩图

图 3-3　二源固废焚烧发电量随协同占比变化曲线图

由图 3-3 可知,随着造纸脱墨污泥占比的增加,发电量从造纸脱墨污泥占比为 0

时的 35320.313 kW·h 逐渐减少到占比为 20％时的 30788.715 kW·h,减少了 12.8％,减少幅度较小,主要是因为造纸脱墨污泥的元素与生活垃圾接近,两种物料的其他组分相差不大,但其含水率较高,且挥发分含量较少,故其热值较低,发电量较少。

随着造纸生化污泥占比的增加,发电量从造纸生化污泥占比为 0 时的 35320.313 kW·h 逐渐减少到占比为 20％时的 30721.011 kW·h,减少了 13.0％。发电量降低的原因与造纸脱墨污泥协同焚烧原因相似,其 N、S 元素含量较高,焚烧时产生烟气较多,带走了热量,故发电量降低。

随着 S 污泥占比的增加,发电量从占比为 0 时的 35320.313 kW·h 降到占比为 20％时的 29748.807 kW·h,此时发电量低于 30000 kW·h,减少了 15.77％。S 污泥协同的发电量下降幅度最大,主要是由于石灰铁盐处理污泥含水率最高,为 77.82％,影响热值,使焚烧时产生的热量较少,故产生的蒸汽量也较少,最终使得发电量较少。若污泥要自持燃烧,污泥含水率需要降至 55％以下,污泥含水率越高,热值越低。

随着 P 污泥占比的增加,发电量从占比为 0 时的 35320.313 kW·h 降到占比为 20％时的 29952.378 kW·h,减少了 15.20％。P 污泥协同的发电量下降幅度比 S 污泥下降幅度小一些,主要是由于 PAM 处理污泥调理、浓缩过程中添加的大分子化合物,对污泥产生絮凝包裹作用,导致污泥的有机物不能完全燃烧,影响其热值,使得焚烧时产生的热量较少,故产生的蒸汽量也少,最终使得发电量少。

随着 F 污泥占比的增加,发电量在三种污泥中下降幅度最小,从占比为 0 时的 35320.313 kW·h 降到占比为 20％时的 30392.739 kW·h,减少了 13.95％,主要由于芬顿处理污泥含水率最低,为 45.15％,热值最高,焚烧过程释放的热量最多。

综上所述,掺杂污泥后由于污泥的热值低于垃圾的热值,导致焚烧发电量下降,该结果与陈兆林等人的研究结果一致,会导致经济效益减少。为了满足“双碳”目标下的有机固废资源化利用需求,根据国家规定的吨垃圾上网电量为 280 kW·h/t,以 80 t/h 进料计算,即发电量需要大于 22400 kW·h,在外源协同 20％的情形下可满足发电量需求。

2017 年,我国城市生活垃圾焚烧产生的温室气体排放量占各种处理方式总排放量的 32.8％,在“双碳”目标背景下,温室气体排放的要求越来越严格,同时垃圾焚烧发电烟气排放需要满足《生活垃圾焚烧污染控制标准》(GB 18485—2014)排放要求。因仿真模型 CO 模拟结果误差较大,暂不考虑,只关注焚烧温室气体及污染气体(HCl、SO_2、NO_x)的折算值。

折算值按照下式计算,其中规定的过量空气系数取 2.1。

$$实测过量空气系数\ \alpha = \frac{21}{21-氧含量}$$

$$折算浓度\ c = \frac{排放浓度\ c' \times 实测过量空气系数\ \alpha}{规定的过量空气系数\ \alpha'}$$

由图 3-4 可知,随着协同占比增加,CO_2 排放量均减少,造纸生化污泥下降幅度最大,从 14841.807 mg/m^3 降至 14180.03 mg/m^3,减少了 4.46%;S 污泥下降幅度最小,从 14841.807 mg/m^3 降至 14319.847 mg/m^3,减少了 3.52%。P 污泥及造纸脱墨污泥下降的幅度接近。由于生活垃圾、造纸生化污泥、S 污泥固定碳含量分别为 3.19%、14.02%、2.39%,造纸生化污泥固定碳含量比生活垃圾高,因此加入造纸生化污泥协同焚烧时产生 CO_2 少,随着协同占比的增加,CO_2 排放量下降的趋势更加显著。

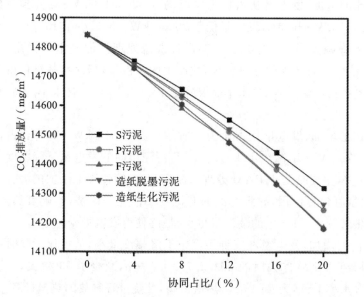

扫码看彩图

图 3-4　二源固废协同焚烧 CO_2 排放量随协同占比变化曲线图

由图 3-5 可知,在有协同处理的情况下,随着协同占比增加,NO_x 排放量逐渐升高,P 污泥上升幅度最大,从 120.757 mg/m^3 升至 121.052 mg/m^3,增加了 0.24%,S 污泥上升的趋势最小,从 120.757 mg/m^3 升到占比为 120.963 mg/m^3,增加了 0.17%,与 Liu 等人掺杂 5% 时,NO_x 排放量为 120~220 mg/m^3 接近。NO_x 主要有燃料型、热力型和快速型三种类型,随着污泥协同占比的增加,系统温度降低,导致热力型 NO_x 和快速型 NO_x 生成减少,而污泥 N 元素含量大于生活垃圾 N 元素含量,故燃料型 NO_x 增加。

由图 3-6 可知,随着协同占比增加,SO_2 排放量逐渐升高,造纸生化污泥上升幅度最大,从 48.401 mg/m^3 升至 111.526 mg/m^3,增加了 130.42%。造纸生化污泥的 S 元素含量为 1.92%,约为生活垃圾的 6 倍,S 元素含量高,在相同的运行条件下,排放的酸性气体 SO_2 含量较高,与张小辉将市政污泥掺入生活垃圾焚烧案例结果一致。

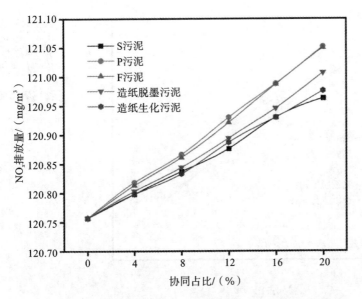

图 3-5　二源固废协同焚烧 NO_x 排放量随协同占比变化曲线图

扫码看彩图

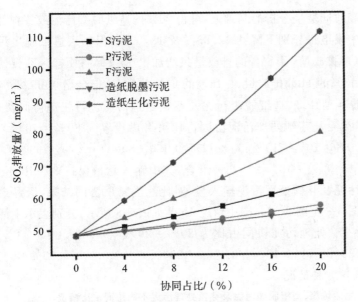

图 3-6　二源固废协同焚烧 SO_2 排放量随协同占比变化曲线图

扫码看彩图

　　由图 3-7 可知,随着协同占比增加,HCl 排放量逐渐下降,造纸生化污泥下降幅度最大,从 51.461 mg/m³ 降至 49.169 mg/m³,减少了 4.45%,S 污泥下降幅度最小,从 51.461 mg/m³ 将到 49.653 mg/m³,减少了 3.51%。由上述分析可知,HCl 去除效果受到进料特性的影响,因协同物质的 Cl 元素的含量较生活垃圾可以忽略,随着协同占比的增加,HCl 排放量随之减少。

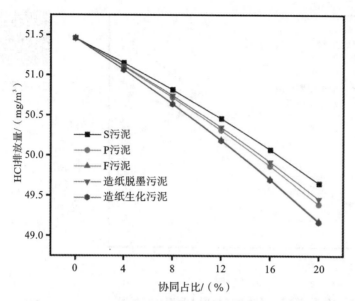

图 3-7　二源固废协同焚烧 HCl 排放量随协同占比变化曲线图

在上述二源固废协同焚烧分析的基础上,可得 20% 的造纸脱墨污泥或芬顿处理污泥掺入焚烧原料中发电量分别下降约 12.83% 及 13.95%;但掺入造纸脱墨污泥可减少 3.89% 的 CO_2 排放量,且 SO_2 的排放量只增加了 15.89%;而掺入芬顿处理污泥可分别减少 4.43% 的 HCl 排放量、4.43% 的 CO_2 排放量,但会增加 65.84% 的 SO_2 排放量。故选择生活垃圾、造纸脱墨污泥及芬顿处理污泥进行三源协同焚烧,生活垃圾、造纸脱墨污泥及芬顿处理污泥协同占比可考虑设置为 80%:20%:0、80%:15%:5%、80%:10%:10%、80%:5%:15%、80%:0:20%、90%:0:10%、90%:5%:5%、90%:10%:0 八种组合,其中输入总量保持 80 t/h 不变,分别改变造纸脱墨污泥及芬顿处理污泥输入量,对比三类物质协同结果,探寻最优协同情况。结果见图 3-8 至图 3-12。图中情况 1～8 如表 3-8 所示,分别表示生活垃圾、造纸脱墨污泥及芬顿处理污泥协同占比为 80%:20%:0、80%:15%:5%、80%:10%:10%、80%:5%:15%、80%:0:20%、90%:0:10%、90%:5%:5%、90%:10%:0 这 8 种情况。

表 3-8　生活垃圾、造纸脱墨污泥及芬顿处理污泥不同协同占比情况

情　况	生活垃圾、造纸脱墨污泥及芬顿处理污泥协同占比
1	80%:20%:0
2	80%:15%:5%
3	80%:10%:10%
4	80%:5%:15%

情　　况	生活垃圾、造纸脱墨污泥及芬顿处理污泥协同占比
5	80％∶0∶20％
6	90％∶0∶10％
7	90％∶5％∶5％
8	90％∶10％∶0

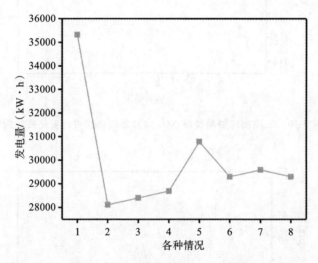

图 3-8　三源固废协同焚烧发电量随协同占比变化曲线图

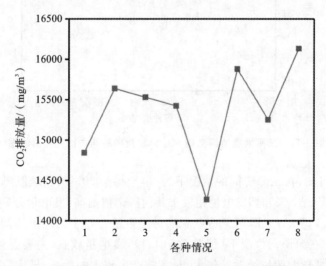

图 3-9　三源固废协同焚烧 CO_2 排放量随协同占比变化曲线图

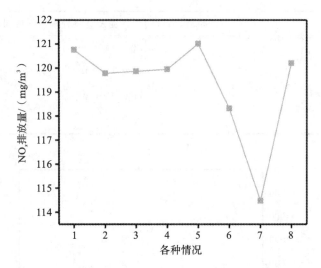

图 3-10　三源固废协同焚烧 NO_x 排放量随协同占比变化曲线图

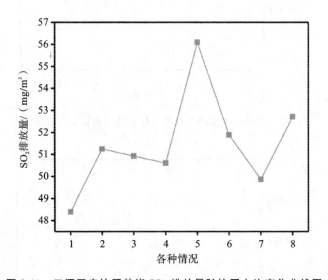

图 3-11　三源固废协同焚烧 SO_2 排放量随协同占比变化曲线图

　　由图 3-8 可知,在二源协同的情况下,只单独掺杂 20% 的造纸脱墨污泥(情况 1)或芬顿处理污泥(情况 5)时,发电量相较于其他掺杂情况高,发电量分别为 35320.313 kW·h、30788.715 kW·h,可见造纸脱墨污泥更适合与生活垃圾协同焚烧,此时发电效率最高;在三源协同情况下(情况 2、3、4、7),发电量较少,主要是由于掺杂物质的工业元素组成与生活垃圾差异较大,对系统产生较大的影响,导致发电效率降低。

　　图 3-9 至图 3-12 分别表示三源协同焚烧情况下系统产生的 CO_2 及其他污染物

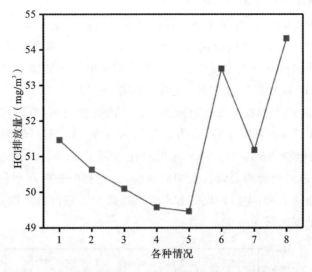

图 3-12　三源协同焚烧 HCl 排放量随协同占比变化曲线图

的排放情况。由图 3-9 可知,情况 5 芬顿处理污泥协同占比为 20％时,CO_2 排放量最少,为 14263.784 mg/m³,主要考虑芬顿处理污泥固定碳含量相较于生活垃圾及造纸脱墨污泥低,使得 CO_2 排放量最少,三源协同(情况 2、3、4、7)产生的 CO_2 排放量均比二源 20％协同(情况 1、5)产生的多,却比二源 10％协同(情况 6、8)产生的少,造成该现象的主要原因是进料成分的固定碳成分含量差异及焚烧发电系统稳定性变化所致。由图 3-10 可知,二源协同情况 5 产生的 NO_x 最多,可能是因为芬顿处理污泥的大量掺杂,污泥 N 元素含量大于生活垃圾 N 元素含量,使得燃料型 NO_x 排放量增加。由图 3-11 可知,二源协同情况 5 产生的 SO_2 最多,三源协同(情况 2、3、4、7)均比 20％造纸脱墨协同(情况 1)产生的 SO_2 多,可能是由于造纸脱墨污泥 S 元素含量较生活垃圾、芬顿处理污泥较低。由图 3-12 可知,在三源协同情况下,随着芬顿处理污泥掺杂比例的增大,HCl 排放量逐渐下降,芬顿处理污泥 20％掺杂时(情况 5),HCl 排放量为 49.459 mg/m³,可能是因为掺杂物质氯元素含量相较于生活垃圾可忽略不计。

根据二源及三源焚烧结果分析,加入造纸脱墨污泥作为焚烧原料对焚烧系统影响最小,考虑到掺入 20％造纸脱墨污泥时焚烧原料发电量减少幅度较小(约12.8％),并能减少 3.9％的 CO_2 排放量,权衡经济效益和环境效益双重指标,后续研究拟将造纸脱墨污泥作为协同焚烧原料进行分析研究。

3.3.2　含水率的影响

我国城市生活垃圾含水率主要受物理组分的影响,生活垃圾中食品废物组分及纸类和织物等易吸水组分含量高将使得含水率增大,生活垃圾的含水率为 15.88%~54.98%,均值为 28.22%,在此区间分别研究不同生活垃圾含水率对焚烧系统的影响,含水率在 15%~55% 之间变化,步长为 10%,污泥的含水率设置为 75%。

不同二源协同占比下发电量受生活垃圾含水率的影响如图 3-13 所示。在未协同的情况下,含水率为 25% 左右时,发电量最高,为 44814.92 kW·h,随着进料含水率的增加,焚烧产生的发电量逐渐减少。在协同的情况下,协同占比为 5%,生活垃圾含水率为 15% 时,发电量最高,为 42575.92 kW·h;当协同占比为 20%,含水率为 55% 时,发电量为 24309.87 kW·h,相比下降了 42.9%。这主要是由于随着含水率的增加,进料中的固定碳含量相对减少,且进料中的含水率越高,热值越低。李剑颖的研究结果表明,生活垃圾的含水率每提高 1%,热值将降低 118.693 kJ/kg,这些因素导致了发电量的减少。

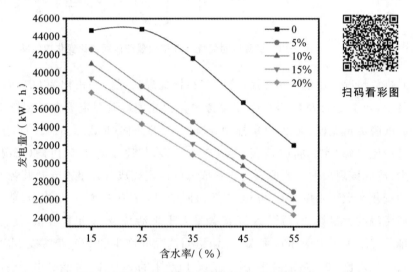

扫码看彩图

图 3-13　不同二源协同占比下发电量随含水率变化曲线图

不同二源协同占比下,CO_2 排放量受生活垃圾含水率的影响如图 3-14 所示,在未协同的情况下,含水率为 25% 左右时,此时 CO_2 排放量为 13583.74 mg/m³,随着进料含水率的增加,焚烧产生的 CO_2 逐渐减少。在协同的情况下,协同占比为 5%,生活垃圾含水率为 15% 时,CO_2 排放量最高,为 15214.12 mg/m³,当协同占比为 20%,含水率为 55% 时,CO_2 排放量最低,为 12211.21 mg/m³,相比下降了 19.7%。当垃圾含水率较高时,水分蒸发需要额外的热量,进而导致焚烧的温度下降,较低的燃烧温度使得垃圾不完全燃烧,一部分有机物无法完全转化为 CO_2,而转化为其他的气体和颗粒物,故使得 CO_2 排放量下降。由于生活垃圾、造纸脱墨污泥碳含量分别为 43.80%、33.46%,造纸脱墨污泥碳含量比生活垃圾低,因此加入造纸脱墨污泥协同焚烧时产生 CO_2 减少,提高二源协同占比可减少 CO_2 排放。

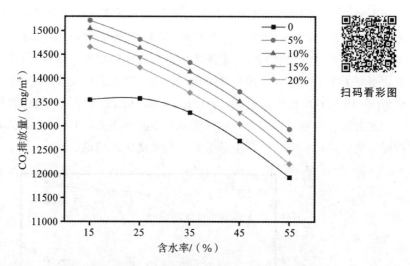

扫码看彩图

图 3-14 不同二源协同占比下 CO_2 排放量随含水率变化曲线图

不同二源协同占比下,SO_2 排放量受生活垃圾含水率的影响如图 3-15 所示。在未协同的情况下,含水率为 25% 左右时,SO_2 排放量为 52.69 mg/m³,随着进料含水率的增加,焚烧产生的 SO_2 逐渐减少。在协同的情况下,协同占比为 20%,生活垃圾含水率为 15% 时,SO_2 排放量最高,为 63.20 mg/m³;当协同占比为 5%,含水率为 55% 时,SO_2 排放量最低,为 45.06 mg/m³,相比下降了 28.7%。随着焚烧温度的增加,烟气中的可燃性硫受热分解产生的 H_2S 及其他硫挥发分易与 O_2 反应生成 SO_2,温度越高,反应越快,垃圾中硫元素的转化率增加,生成的 SO_2 越多。因含水率增大,焚烧温度降低,故随着含水率的增加,排放的酸性气体 SO_2 含量降低。

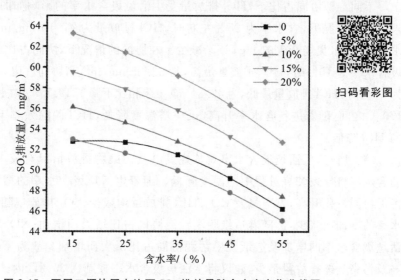

扫码看彩图

图 3-15 不同二源协同占比下 SO_2 排放量随含水率变化曲线图

　　不同二源协同占比下，NO_x 排放量受生活垃圾含水率的影响如图 3-16 所示，在未协同的情况下，含水率为 15％左右时，NO_x 排放量为 86.69 mg/m³，随着进料含水率的增加，焚烧产生的 NO_x 逐渐增加。在协同的情况下，协同占比为 5％，生活垃圾含水率为 15％时，NO_x 排放量最低，为 120.70 mg/m³，当协同占比为 20％，含水率为 55％时，NO_x 排放量最高，为 121.79 mg/m³，进料含水率虽然增加，但进料的氮元素含量保持不变，使得 NO_x 排放量总体波动不大，与陈兆林等人将生活垃圾与污泥混烧后，得到 NO_x 的产生量未发生明显变化的结论一致。

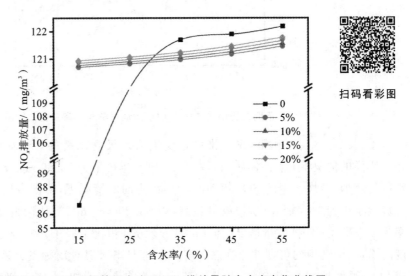

扫码看彩图

图 3-16　不同二源协同占比下 NO_x 排放量随含水率变化曲线图

　　不同二源协同占比下，HCl 排放量受生活垃圾含水率的影响如图 3-17 所示，在未协同的情况下，含水率为 25％左右时，HCl 排放量为 47.10 mg/m³，随着进料含水率的增加，焚烧产生的 HCl 逐渐减少。在协同的情况下，协同占比为 5％，生活垃圾含水率为 15％时，HCl 排放量最高，为 52.75 mg/m³，当协同占比为 20％，含水率为 55％时，HCl 排放量最低，为 42.34 mg/m³，相比下降了 19.7％。在最佳温度 140～170 ℃之间，随着进料含水率升高，反应塔温度降低，HCl 脱除效率上升，使得排放的 HCl 降低。

　　综上所述，生活垃圾含水率对焚烧发电及污染物排放情况有较大的影响，较高的含水率将导致焚烧过程中的温度降低。随着生活垃圾含水率的增加及造纸脱墨污泥协同占比升高，发电量及 CO_2、HCl 排放量均减少；SO_2 排放量随着生活垃圾含水率的增加而减少，但随着造纸脱墨污泥协同占比增大而增加；NO_x 排放量随着生活垃圾含水率的增加及造纸脱墨污泥协同占比增大而增加。故为了保障发电量最高及污染气体排放量最少，建议将生活垃圾含水率控制在 35％以内。

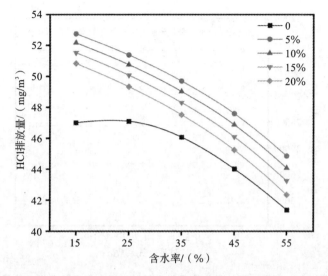

扫码看彩图

图 3-17　不同二源协同占比下 HCl 排放量随含水率变化曲线图

3.3.3　过量空气系数的影响

为研究过量空气系数(α)对焚烧系统的影响,根据《锅炉大气污染物排放标准》中对工业锅炉过量空气系数及烟气基准氧量限值的要求,生活垃圾焚烧锅炉的过量空气系数为 2.1,设置过量空气系数为 1.3、1.5、1.7、1.9、2.1,造纸脱墨污泥协同占比为 0、5%、10%、15%、20%,通过改变流股 1C-AIR-1、2IGR-AIR 输入的空气从而改变过量空气系数,改变 MSW 流股生活垃圾及造纸脱墨污泥的输入量从而改变协同占比,其他输入参数保持不变。

不同二源协同占比下,发电量受过量空气系数的影响如图 3-18 所示,在未协同的情况下,过量空气系数为 1.3 时,发电量最高,为 30763.69 kW·h,随着过量空气系数的增加,焚烧产生的发电量逐渐减少,但变化趋势不明显。在协同的情况下,协同占比为 5%,过量空气系数为 1.3 时,发电量最高,为 29325.40 kW·h,当协同占比为 20%,过量空气系数为 2.1 时,发电量为 24886.62 kW·h,相比下降了 15.1%。这主要考虑到随着过量空气系数的增加,焚烧炉内的温度会先升高再下降,因为生活垃圾及造纸脱墨污泥中的固定碳与氧气反应生成 CO_2,其释放的热量高于相同质量碳生成 CO 时所释放的热量,反应生成 CO_2 越多,释放的热量越多,但当空气过量时,原料的可燃组分已经完全燃烧,此时随着温度较低的空气的增加,焚烧炉内温度下降,故导致了发电量的先增加后减少。

不同二源协同占比下,CO_2 排放量受过量空气系数的影响如图 3-19 所示,相同的协同占比下,随着过量空气系数的增加,CO_2 排放量亦趋于稳定,只有在协同占比

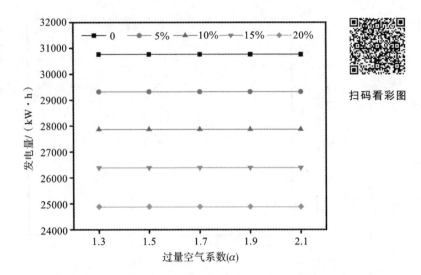

扫码看彩图

图 3-18 不同二源协同占比下发电量随过量空气系数变化曲线图

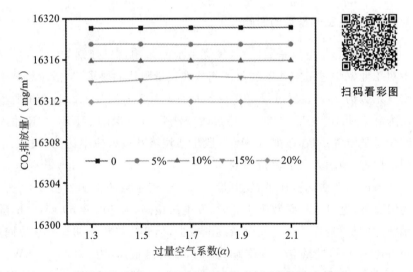

扫码看彩图

图 3-19 不同二源协同占比下 CO_2 排放量随过量空气系数变化曲线图

为 15％时有一定的波动,呈现先增加后稳定的趋势,这是由于过量空气系数大于1,可燃组分完全燃烧,产生的 CO_2 较为稳定。

不同二源协同占比下,SO_2、NO_x、HCl 等污染气体排放量受过量空气系数的影响分别如图 3-20 至图 3-22 所示,在相同的协同占比情况下,随着过量空气系数的增加,排放量总体趋于稳定,只有在协同占比为 15％时有一定的波动,呈现先增加后减少的趋势,过量空气系数为 1.7 时,达到峰值。

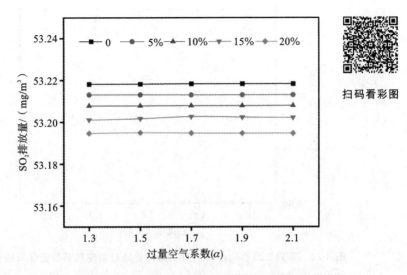

扫码看彩图

图 3-20　不同二源协同占比下 SO₂ 排放量随过量空气系数变化曲线图

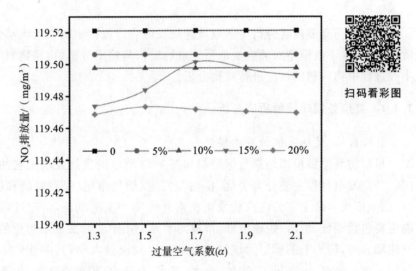

扫码看彩图

图 3-21　不同二源协同占比下 NOₓ 排放量随过量空气系数变化曲线图

经上述分析可知,过量空气系数大于 1 时,对焚烧发电及污染物排放情况总体影响不大。可将过量空气系数控制在 1.3～1.7,当造纸脱墨污泥协同占比为 5%,过量空气系数为 1.3 时,发电量最高,为 29325.40 kW·h,且不会造成污染物排放过高问题。

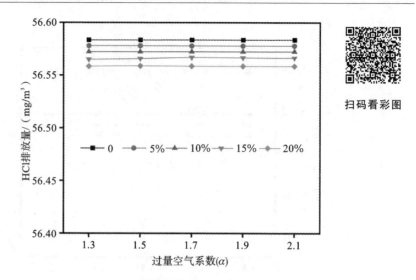

扫码看彩图

图 3-22 不同二源协同占比下 HCl 排放量随过量空气系数变化曲线图

3.4 焚烧处理物质流分析

结合前一章节内容分析生活垃圾焚烧发电生产过程中的物质流动情况,建立物质流模型,基于该模型对焚烧发电系统进行输入与输出分析,构建物料平衡账户,对生产过程中物质利用情况进行对比分析。

3.4.1 焚烧处理现状物质流分析

3.4.1.1 焚烧系统物质流模型

根据仿真模型模拟结果数据绘制如图 3-23 所示的焚烧发电工艺的物质流分布图。焚烧发电过程主要分为焚烧、换热与发电、烟气净化(包括脱硝和脱硫)三个部分(四个模块),最主要关注汽轮发电机对外做功产生的电量,生产过程中产生的废物主要包括烟气、炉渣、脱硫废液、排放污水等。图中的箭头表示物质的不同类型以及流动方向,箭头上的标记为该物质的名称以及流量大小,其中外界输入的物质流分别为生活垃圾、一次风、二次风、给水、氨水、石灰水、脱硫空气等;由系统中工序直接流向外界的物质流分别为产品流发电量、废弃物流烟气、冷凝水流、灰分流等。

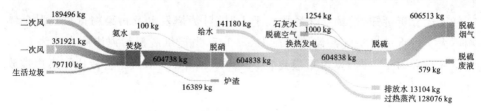

图 3-23 焚烧发电工艺的物质流分布图

3.4.1.2　焚烧工艺物料平衡账户

根据建立的焚烧物质流仿真模型,构建相应的物料平衡账户,对物料输入、输出的种类以及数量进行梳理,以此为基础,为后续评估和量化生物质焚烧过程中的物质投入、产出以及资源利用率提供分析基础。系统物料平衡账户如表 3-9 所示。

表 3-9　焚烧发电工艺物料平衡账户

物 质 流 向	模　块	名　称	流量/(kg/h)	合计/(kg/h)
输入	焚烧	生活垃圾	79710.00	764660.27
		一次风	351920.83	
		二次风	189495.83	
	烟气净化	氨水	100.00	
		石灰水	1253.61	
		脱硫空气	1000.00	
	换热与发电	给水	141180.00	
输出	焚烧	炉渣	16388.81	764660.27
	烟气净化	脱硫废液	578.92	
		烟气	606512.54	
		排放水	13103.66	
	换热与发电	排放蒸汽	128076.34	

3.4.1.3　焚烧工艺物质流评价

在生活垃圾焚烧发电工艺中,发电量是其生产能力的一个重要衡量指标。在“双碳”目标背景下,CO_2 气体排放的要求越来越严格,同时垃圾焚烧发电也会产生其他污染气体,故综合考虑生活垃圾焚烧工艺企业特点以及生产过程中物质流动特征,选取原材料单耗量、单位产品 CO_2 排放量以及单位产品污染气体排放量三项指标作为物质流分析指标,为企业的生产优化提供指导建议。其中原材料单耗量指原材料进料量与发电量的比值,单位为 $kg/(kW \cdot h^2)$;单位产品 CO_2 排放量指焚烧产生的 CO_2 排放量与发电量的比值,单位为 $kg/(kW \cdot h^2)$;单位产品污染气体排放量指 SO_2、NO_x、HCl 排放量总和与发电量的比值,单位为 $kg/(kW \cdot h^2)$。

在现行情况下系统物质流评价结果如图 3-24 所示,系统原材料单耗量为 2.265 $kg/(kW \cdot h^2)$,单位产品 CO_2 排放量为 2.75 $kg/(kW \cdot h^2)$,单位产品污染气体排放量为 0.0408 $kg/(kW \cdot h^2)$。对系统进行多场景分析,结果应以现行工艺三项物质流分析指标作为参照,在协同处理污泥的基础上,找到低原材料单耗,低单位产品污染气体排放量的情况。

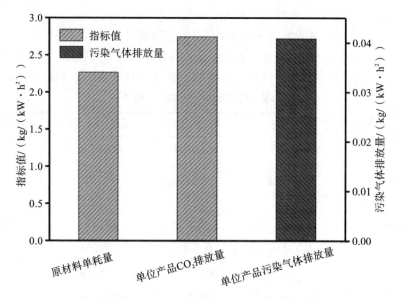

图 3-24　焚烧发电现状物质流评价结果

3.4.2　多场景模拟协同焚烧处理物质流分析

3.4.2.1　参数设置

将市政污泥、造纸废渣掺入生活垃圾焚烧发电系统进行协同，通过 Aspen Plus 模拟发现，有机固废协同占比、含水率和过量空气系数对发电量、蒸汽产量、CO_2 排放量及污染气体排放量均有影响，在分析焚烧处理影响因素的基础上，通过设置不同的协同占比、含水率以及过量空气系数，来对比分析焚烧发电系统的资源消耗及环境效率情况。继续选择造纸脱墨污泥作为协同原料，协同占比设置为无（0）、中（5%）、高（10%）三种情况，在设置协同占比时，改变协同占比仅改变其中协同物质的进料量，保持总流量不变，为 80 t/h；含水率设置为低（15%）、中（25%）、高（35%）三种情况，过量空气系数设置为低（1.3）、中（1.5）、高（1.7）三种情况；现行状况为无协同、含水率为 28.22% 及过量空气系数为 2.1。

3.4.2.2　场景设置

根据上述参数选择的不同，设置三大类共 10 个场景，其中每一个场景代表一种可能的降低资源消耗及污染气体排放量的路径以及三类指标的数值范围。物质流多场景分析中设置了 3 个变量，分别是有机固废协同占比、有机固废含水率以及过量空气系数，每个变量有 3 个不同水平，通过三因素三水平设计正交实验，共 9 个（1~9）场景，场景 0 指经调研后得到的焚烧实际情况下运行的场景，通过对各类参数的调整而形成的各类场景来代表这些参数节约资源以及减少污染排放的能力，具体场景设置如表 3-10 所示。

表 3-10　焚烧系统多场景设置

场　　景	协同占比/(%)	含水率/(%)	过量空气系数
0	0	28.22	2.1
1	0	15	1.3
2	0	25	1.7
3	0	35	1.5
4	5	15	1.7
5	5	25	1.5
6	5	35	1.3
7	10	15	1.5
8	10	25	1.3
9	10	35	1.7

3.4.2.3　协同结果分析

不同场景原材料单耗量变化如图 3-25 所示。原材料单耗量越高,说明系统发电量越少,资源消耗越大。现行原材料单耗量为 2.265 kg/(kW·h²),在二源协同的情形下,场景 1(协同占比为 0、含水率为 15%、过量空气系数为 1.3)原材料单耗量为 2.339 kg/(kW·h²),此时原材料单耗量最少,相比现状只减少了 3.3%,对系统影响较小,即在相同进料(80000 kg/h)情况下,焚烧发电量效果最佳;场景 9(协同占比为 10%、含水率为 35%、过量空气系数为 1.7)原材料单耗量为 2.893 kg/(kW·h²),相比现状升高了 27.7%,主要考虑到造纸脱墨污泥的含水率较高,热值较低,焚烧产生热量较少,并且为了保证总进料流量不变,加入协同物质的同时减少了生活垃圾的进料量,尽管增加了过量空气系数,但仍对焚烧发电系统有较大的影响。

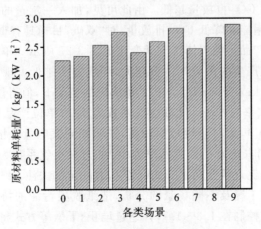

图 3-25　不同场景原材料单耗量

通过对比场景1、2、3，场景4、5、6，场景7、8、9发现，在协同占比相同的情况下，生活垃圾的含水率越高，原材料单耗量越高，由此可见，进料含水率对系统影响最大。在投入焚烧炉前，通过堆积、干燥等工艺，进一步降低进料含水率对焚烧发电系统是十分必要的。

不同场景单位产品CO_2排放量变化如图3-26所示。单位产品CO_2排放量越高，说明系统产生的CO_2量越大。现行单位产品CO_2排放量为2.75 kg/(kW·h²)。随着协同占比及含水率的增加，单位产品CO_2排放量呈下降趋势，场景9最低，为2.78 kg/(kW·h²)，与现行情况接近。由前述分析可知，造纸脱墨污泥C含量比生活垃圾低且完全燃烧效率差，因而单位产品CO_2排放量降低。

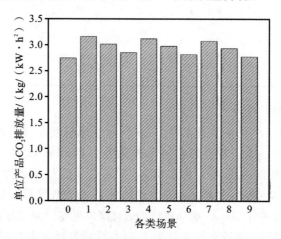

图3-26 不同场景单位产品CO_2排放量

通过对比场景1、2、3，场景4、5、6，场景7、8、9发现，在协同占比相同的情况下，生活垃圾的含水率越高，单位产品CO_2排放量越低；在含水率相同的情况下，协同占比越高，单位产品CO_2排放量越低。由此可见，加入一定量的造纸脱墨污泥并合理控制进料的含水率能够降低CO_2排放量，对"双碳"目标具有重要意义。

不同场景单位产品污染气体排放量变化如图3-27所示。单位产品污染气体排放量越高，说明系统产生的污染气体量越大，环境效率越低。现行单位产品污染气体排放量为0.0408 kg/(kW·h²)。在二源协同的情况下，值得注意的是，场景9(协同占比为10%、含水率为35%、过量空气系数为1.7)单位产品污染气体排放量为0.0397 kg/(kW·h²)，此时环境效率较高，说明相同发电量的情况下，污染气体排放越少；场景4(协同占比为5%、含水率为15%、过量空气系数为1.7)单位产品污染气体排放量最高，相比现状升高了5.2%，需引起一定的关注。

总之，根据现有工况及不同场景的分析，造纸脱墨污泥的协同占比控制在0~10%，过量空气系数控制在1.3~1.7，并通过堆积、干燥等方式将原材料的含水率控制在25%左右，虽然原材料单耗量有一定增加，最高增加了17.4%，但可提高环境效率，单位产品CO_2及污染气体排放量最高可分别减少了9.8%、3.2%。

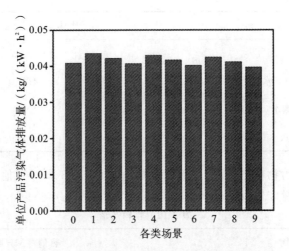

图 3-27　不同场景单位产品污染气体排放量

3.5　焚烧处理物质流与能量流耦合分析

能量流分析研究焚烧工艺的能量流动及转化情况,忽略在各个模块间传递所消耗的电能,只涉及各个物料间能量的传递、焚烧过程能量变化以及各个反应器的热负荷。

3.5.1　能量流计算原理与方法

将每个操作模块看作一个独立的系统,依次对焚烧、脱硝、换热与发电、脱硫四个模块进行能量衡算,最后将每个模块的能量衡算结果串联在一起,组成整个焚烧发电系统的能量流。

系统输入的能量为原料及助燃空气携带的能量,系统输出的能量包括干燥后水蒸气带走的能量、热解各类产物带走的能量以及反应器热负荷。物理热计算方法同2.5.1 小节。

所需物料比热容数值如表 3-11 所示,此外,6.5 MPa 时,水蒸气潜热为 3.201 kJ/kg。

表 3-11　物料比热容

物　　料	比热容/(kJ/(kg·K))
炉渣	1.261
飞灰	1.047
空气	1.023

续表

物　　料	比热容/(kJ/(kg・K))
烟气	1.312
水	4.180
氨水(5%)	4.650
石灰水(10%)	4.200

化学热主要为物料热值,通过其低位热值计算(表 3-12),其他复杂成分及反应器负荷等通过能量守恒及 Aspen Plus 模拟计算得到。

表 3-12　物料热值

物　　料	热值/(MJ/kg)
生活垃圾	10.01
造纸废渣	12.00
芬顿处理污泥	7.10
石灰铁盐处理污泥	9.90
PAM 处理污泥	5.33

3.5.2　焚烧处理现状能量流分析

3.5.2.1　焚烧模块物料能量分析

焚烧模块输入能量包括生活垃圾的化学热、物理热以及一次风、二次风所输入的能量。输出能量则包括炉渣、烟气带走的能量。能量输入中,生活垃圾的化学热为其低位热值与进料流量的积,物理热则通过公式计算而得,共为 797897.1 MJ/h,原料输入的总能量为 975135.25 MJ/h;通过 Aspen Plus 模拟,RGibbs 热负荷为 −729648.22 MJ/h。

焚烧后的烟气所携带的能量则通过能量守恒计算得到,共为 272248.57 MJ/h,该部分能量随着烟气流入脱硝模块中,作为脱硝模块的主要能量输入项。焚烧模块的物料平衡及能量平衡计算结果见表 3-13,焚烧模块的输入能量与输出能量占比如图 3-28 所示,图中扇形面积占比代表了各类物料所携带能量在总能量中的占比。由图可知,生活垃圾所输入的能量占输入总能量的 46.80%;RYield 热负荷所含能量占输出总能量的 42.80%,该部分能量主要用来干燥原料,并使其升温达到着火点进行焚烧,所占比重较大,可见焚烧炉具有较大的节能潜力。

表 3-13 焚烧模块物料平衡及能量平衡

物料平衡/(kg/h)			能量平衡/(MJ/h)		
项目	输入	输出	项目	输入	输出
生活垃圾	79710.00	—	生活垃圾	797897.10	—
一次风	351920.83	—	一次风	115204.80	—
二次风	189495.83	—	二次风	62033.35	—
炉渣	—	16388.81	炉渣	—	7478.18
焚烧烟气	—	604737.85	焚烧烟气	—	272248.57
			焚烧 RYield 热负荷		1425056.72
			焚烧 RGibbs 热负荷	729648.22	
合计	621126.66	621126.66	合计	1704783.47	1704783.47

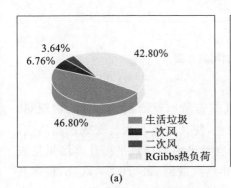
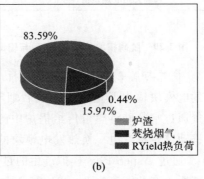

扫码看
彩图

图 3-28 焚烧模块能量输入(a)与输出(b)占比图

3.5.2.2 脱硝模块物料能量分析

脱硝模块输入能量包括焚烧烟气带入的能量及氨水的物理热。输出能量为脱硝后烟气带走的能量。脱硝模块的物料平衡及能量平衡计算结果见表 3-14、图 3-29,可知脱硝模块 RStoic 热负荷为 23.55 MJ/h,占比仅为 0.009%,可见该模块总体能效较高。

表 3-14 脱硝模块物料及能量衡算

物料平衡/(kg/h)			能量平衡/(MJ/h)		
项目	输入	输出	项目	输入	输出
脱硝前烟气	604737.85	—	脱硝前烟气	272248.57	—
氨水	100.00	—	氨水	11.63	—

续表

物料平衡/(kg/h)			能量平衡/(MJ/h)		
项目	输入	输出	项目	输入	输出
脱硝后烟气	—	604837.85	脱硝后烟气	—	272283.75
			脱硝 RStoic 热负荷	23.55	—
合计	604837.85	604837.85	合计	272283.75	272283.75

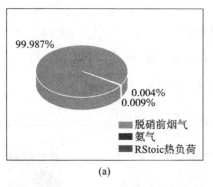
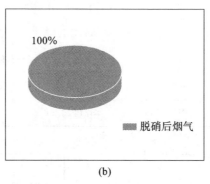

扫码看
彩图

图 3-29　脱硝模块能量输入(a)与输出(b)占比图

3.5.2.3　换热与发电模块物料能量分析

换热与发电模块输入能量包括脱硝后烟气的能量以及给水所含有的物理热。脱硝后的烟气通过水冷壁将热量传给锅炉中的水,使其由液态水转变成过热蒸汽,过热蒸汽将推动汽轮机发电。换热发电模块的物料平衡及能量平衡计算结果见表3-15、图3-30。通过 Aspen Plus 模拟产生的过热蒸汽量为128076.34 kg/h,根据其比热容算出其所含有的能量241321.55 MJ/h,占该模块输出能量的19.78%,发电量为35320.313 kW·h,即127153.13 MJ/h,计算锅炉燃料效率为15.93%。原因可能是此次收集实际运行数据的时间为雨季,且生活垃圾主要成分是厨余垃圾,进而使得含水量高,导致锅炉燃料效率偏低。目前已建成的垃圾焚烧发电厂余热锅炉及配套汽轮机大部分为中参数,发电效率为21%～23%,可见该厂发电效率仍具有很大的提高空间。

表 3-15　换热与发电模块物料及能量衡算

物料平衡/(kg/h)			能量平衡/(MJ/h)		
项目	输入	输出	项目	输入	输出
脱硝后烟气	604837.85	—	脱硝后烟气	272283.75	—
给水	141180.00	—	给水	35407.94	—
过热蒸汽	—	128076.34	过热蒸汽	—	241321.55

续表

物料平衡/(kg/h)			能量平衡/(MJ/h)		
项目	输入	输出	项目	输入	输出
换热后烟气	—	604837.85	换热后烟气	—	60892.81
排放水	—	13103.66	排放水	—	5477.33
合计	746017.85	746017.85	合计	307691.69	307691.69

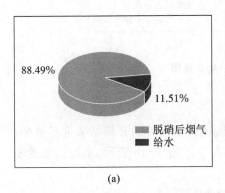
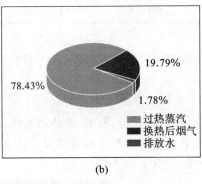

扫码看

彩图

图 3-30　换热与发电模块能量输入(a)与输出(b)占比图

3.5.2.4　脱硫模块物料能量分析

脱硫模块输入能量包括换热后烟气、石灰水以及脱硫空气带入的能量。输出能量包括脱硫废液、烟气带走的能量。通过 Aspen Plus 模拟,脱硫反应器 RStoic 热负荷为 1865.75 MJ/h。该模块的物料平衡及能量平衡计算结果见表 3-16,脱硫模块的输入能量与输出能量占比如图 3-31 所示。由图表可知,脱硫后烟气总能量为 58942.29 MJ/h,占该模块输入能量的 96.55%,说明大部分能量都被烟气带走了,若能将这部分能量利用或减少这部分能量的占比,将能有效提高能量的利用效率。

表 3-16　脱硫模块物料及能量衡算

物料平衡/(kg/h)			能量平衡/(MJ/h)		
项目	输入	输出	项目	输入	输出
换热后烟气	604837.85	—	换热后烟气	60892.82	
石灰水	1253.61	—	石灰水	131.63	
脱硫空气	1000.00	—	脱硫空气	25.58	
脱硫废液	—	578.92	脱硫废液	—	241.99
脱硫后烟气	—	606512.54	脱硫后烟气	—	58942.29
			脱硫 RStoic 热负荷	—	1865.75
合计	607091.46	607091.46	合计	61050.03	61050.03

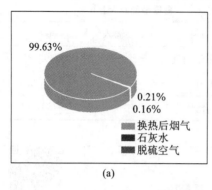 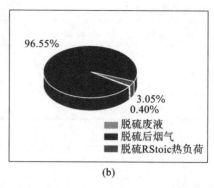

扫码看
彩图

(a)   (b)

图 3-31　脱硫模块能量输入(a)与输出(b)占比图

3.5.2.5　焚烧处理总物料能量分析

基于以上分析,将焚烧、脱硝、换热与发电、脱硫四个模块的分析结果进行整合,得到的焚烧发电系统的物料平衡及能量平衡如表 3-17、表 3-18 所示,系统的能量输入与输出占比图如图 3-32 所示。

表 3-17　焚烧发电系统物质流

物 质 流 向	项　　目	流量/(kg/h)	合计/(kg/h)
输入	生活垃圾	79710.00	
	一次风	351920.83	
	二次风	189495.83	
	氨水	100.00	764660.27
	给水	141180.00	
	石灰水	1253.61	
	脱硫空气	1000.00	
输出	炉渣	16388.81	
	过热蒸汽	128076.34	
	排放水	13103.66	764660.27
	脱硫废液	578.92	
	脱硫后烟气	606512.54	

表 3-18　焚烧发电系统能量流

物质流向	项　目	流量 /(MJ/h)	合计 /(MJ/h)
输入	生活垃圾	797897.10	1740383.80
	一次风	115204.80	
	二次风	62033.35	
	焚烧 RGibbs 热负荷	729648.22	
	氨水	11.63	
	脱硝 RStoic 热负荷	23.55	
	给水	35407.94	
	石灰水	131.63	
	脱硫空气	25.58	
输出	炉渣	7478.18	1740383.80
	焚烧 RYield 热负荷	1425056.71	
	过热蒸汽	241321.55	
	排放水	5477.33	
	脱硫废液	241.99	
	脱硫后烟气	58942.29	
	脱硫 RStoic 热负荷	1865.75	

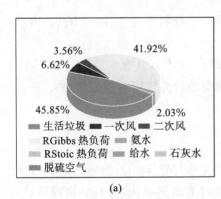
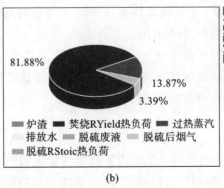

扫码看
彩图

图 3-32　焚烧发电系统总能量输入(a)与输出(b)占比图

由表 3-18 与图 3-32 可知,系统能量输入主要为生活垃圾所含的热值 797897.10 MJ/h 及焚烧炉内给系统提供的热量 729648.22 MJ/h(即 RGibbs 热负荷),占比分别为 45.85%、41.92%。能量输出最主要是干燥生活垃圾并升温使其达到着火点所消耗的能量,高达 241321.55 MJ/h,占据能量输出的 81.88%,过热蒸汽带走的热量仅为 241321.55 MJ/h,占 13.87%,有效能效较低,脱硫后烟气含有的物理热为 58942.29 MJ/h,占 3.39%,该部分为烟气所损耗的能量。

利用分析所得数据绘制整个系统的能量流动图,系统内所有物料携带能量大小及流动方向如图 3-33 所示,基于此图及上述数据可进行后续系统能效分析。

图 3-33　焚烧发电系统能量流动分布图

对于焚烧发电系统而言,能量的有效利用及降低热量损失是评价能源效益的关键指标。选取有效发电能耗,即系统利用所输入能量来发电后产出的电能,其值越高,说明能量利用越有效,并选取锅炉燃料效率、排烟热损失这两项指标以评价能效,参考李勇等人的计算方式及根据《电站锅炉性能试验规程》(GB/T 10184—2015)计算方法,锅炉燃料效率(η)用发电机输出功率和锅炉输入热量来表示,计算公式如下。

$$\eta = \frac{3.6P_{el}}{BQ_{ar,net}}$$

式中:P_{el} 为发电机输出功率,kW;B 为单位时间锅炉的燃料消耗量,kg/h;$Q_{ar,net}$ 为燃料的低位发热量,MJ/kg。

锅炉烟气离开空气预热器时,由于温度为 120~160 ℃,具有大量的热量,这部分热量未被利用而从烟囱排出。该热量占输入能量的百分比即为排烟热损失(q_2),其会影响锅炉热效率,计算公式如下:

$$q_2 = \frac{Q_2}{Q_{in}} \times 100\%$$

式中:Q_2 为离开锅炉系统边界的烟气带走的物理显热,MJ/kg;Q_{in} 为输入系统边界的热量总和,MJ/h,包括:①输入系统的燃料燃烧释放的热量;②燃料的物理显热;③脱硫剂的物理显热;④进入系统边界的空气带入的热量;⑤系统内辅助设备带入的热量;⑥燃油雾化蒸汽带入的热量等。

根据表 3-18 可计算出现行情况锅炉燃料效率为 15.87%,其主要受设备参数选型、垃圾发酵质量、焚烧炉内燃烧效率、余热炉蒸发管束积灰及汽水管道结垢等因素的影响,可通过控制影响因素,进而提高发电效率。

同理计算得到排烟热损失为 10.81%,其主要受到排烟温度和过量空气系数的影响,排烟温度升高或过量空气系数过大都会使得排烟热损失增加,而排烟温度又受到受热面清洁程度、过量空气系数、漏风系数、给水温度、燃料含水率、锅炉负荷、燃烧工况等因素影响,过量空气系数受送风量、炉膛漏风、尾部受热面漏风、空气预热器管泄漏、炉膛负压等因素的影响,故有必要进行燃料协同占比、含水率、过量空气系数等影响因素分析,以进一步控制排烟热损失。

基于以上分析,在生产实践中为降低系统的能耗,提高系统的能效,需对生活垃圾进行充分发酵,并对其中的水分进行沥除,以进一步降低含水率,提高热值,从而减少干燥原料及升温达到着火点所需要的热量,提高能量利用效益,并且合理控制协同占比及过量空气系数。

3.5.3　模拟协同焚烧处理物质流与能量流耦合分析

多源协同焚烧、含水率、过量空气系数对于焚烧发电系统都存在一定的影响,通过此三种因素探究系统能量的变化,以对系统的能效进行多样且全面的评价。

3.5.3.1　协同占比对焚烧能效的影响

由不同固废协同占比对生活垃圾焚烧发电影响的分析可知,市政污泥选择造纸脱墨污泥掺入协同燃烧是效果最好的,掺入 20% 造纸脱墨污泥的焚烧原料发电量稍减少(约减少 12.8%),但可减少 3.9% 的 CO_2 排放量。现对造纸脱墨污泥协同生活垃圾焚烧进行能量流研究。根据上述分析,考察造纸脱墨污泥协同占比分别为 0、5%、10%、15%、20% 的情况。在设置协同占比时,仅改变其中协同物质的进料量,总流量(80 t/h)保持不变。生活垃圾含水率为 28.22%,过量空气系数为 2.1,计算分析系统有效发电能耗、锅炉燃料效率、排烟热损失的变化。

有效发电能耗及能效随造纸脱墨污泥占比的变化如图 3-34 所示。随着造纸脱墨污泥协同占比的增加,掺入 20% 造纸脱墨污泥时,有效发电能耗和锅炉燃料效率降低,而排烟热损失却增加了 25.7%,锅炉燃料效率由 13.6% 降至 10.8%,说明造纸脱墨污泥的掺入对系统能效具有一定影响,主要由于造纸脱墨污泥含水率(75%)相较于生活垃圾含水率(28.22%)高,随着造纸脱墨污泥掺入量的增加,燃料中水分增加,会使得烟气量增加,且使排放烟气温度升高,进而导致排烟热损失增加,最终热量被烟气带走,造成系统能效降低。

因此,在掺入造纸脱墨污泥进行协同焚烧时,需进一步降低含水率,同时限制掺入量,建议掺入占比控制在 10% 以内,有效发电能耗只降低 0.4%,锅炉燃料效率下降 2.2%,而排烟热损失只增加 12.6%,总体对系统能耗及能效影响较小。以下只考虑协同占比分别为 0、5%、10% 三种情况,再分析不同含水率及过量空气系数对系统能耗及能效的影响。

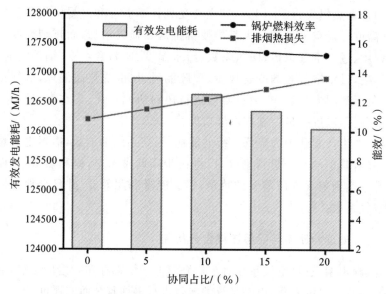

图 3-34　造纸脱墨污泥协同占比对系统能耗及能效影响图

3.5.3.2　含水率对焚烧能效影响

根据上述分析,考察生活垃圾含水率分别为 15%、25%、35%、45%、55% 的不同情况。过量空气系数设为 2.1,其他参数保持不变,分析造纸脱墨污泥协同占比为 0、5%、10% 的情况,计算系统有效发电能耗、锅炉燃料效率、排烟热损失,考察其对能效的影响。

有效发电能耗及能效随生活垃圾含水率变化如图 3-35 所示。在同一协同占比的情况下,随着生活垃圾含水率的增加,系统有效发电能耗及锅炉燃料效率急剧下降,而排烟热损失显著升高。协同占比为 10%、含水率为 55% 时,有效发电能耗及锅炉燃料效率相比同一协同占比下含水率为 15% 时均下降 40% 左右,而在协同占比为 0、含水率为 55% 时,排烟热损失最大,增加了近 1.6 倍。在协同占比为 10%、含水率为 55% 时,锅炉燃料效率仅为 11.0%,远远低于正常范围(21%~23%)。在同一含水率情况下,随着协同占比的增加,总体变化趋势与上述一致,升降幅度稍有减小。可见,生活垃圾含水率的变化对系统能耗及能效影响最为显著。

分析原因,主要是因为生活垃圾含水率升高,需要进行有效的堆积发酵,否则将严重影响其低位热值,系统需要消耗大量的能量以干燥焚烧进料,进一步影响炉温,进而影响蒸汽质量,使得发电效率严重降低;且生活垃圾含水率增加将会使排放烟气量增加,使得排烟热损失增加,故整个系统有效发电能耗降低,能效较低。

因此当生活垃圾含水率较高(>35%)时,需要进行有效充分的发酵,并对垃圾储坑水分进行处理,使得其水分进一步沥除,提高其热值,以减小对系统的影响,提高能效。

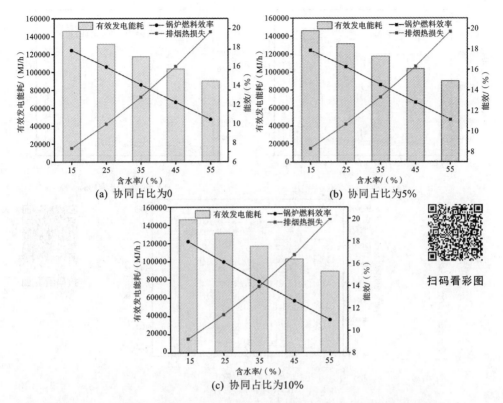

(a) 协同占比为0

(b) 协同占比为5%

(c) 协同占比为10%

扫码看彩图

图 3-35　不同造纸脱墨污泥协同占比下含水率对有效发电能耗及能效影响图

3.5.3.3　过量空气系数对焚烧能效影响

根据上述分析,考察过量空气系数分别为 1.3、1.5、1.7、1.9、2.1 的不同情况。生活垃圾含水率设置为 28.22%,其他参数保持不变,分析造纸脱墨污泥协同占比分别为 0、5%、10% 的三种情况,计算系统有效发电能耗、锅炉燃料效率、排烟热损失,考察其对能量利用效益的影响。

有效发电能耗及能效随过量空气系数的变化如图 3-36 所示。在同一协同占比的情况下,随着过量空气系数的增加,系统有效发电能耗及锅炉燃料效率基本保持不变,而排烟热损失逐步上升。在同一过量空气系数情况下,随着协同占比的增加,排烟热损失明显上升,过量空气系数为 1.3,协同占比从 0 增加至 10% 时,排烟热损失增加了 13.7%。可见,过量空气系数的变化对排烟热损失影响最为明显。

分析原因,主要是因为随着过量空气系数的增加,排烟温度升高,虽然排烟量也增加,排烟速度增大,对流换热加强,但传热增加的程度不如烟气增加的程度大,烟气与工质接触时间较短,热量未能及时传递,故导致排烟温度较高,使得排烟热损失也增加;同时过量空气系数过大,亦使得风机能耗增大。

因此,合理控制过量空气系数对减少排烟热损失、提高能效具有重要意义,建议在保证焚烧系统稳定运行的情况下,过量空气系数控制在 1.7 以内。

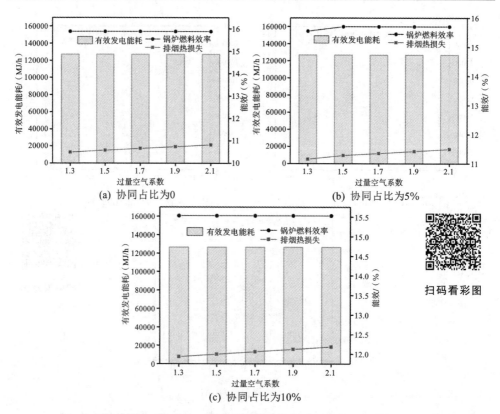

图 3-36   不同造纸脱墨污泥协同占比下过量空气系数对系统有效发电能耗及能效影响图

扫码看彩图

3.6   焚烧发电处理碳核算

3.6.1   研究边界

焚烧发电系统边界范围见图 3-37。

焚烧发电碳排放核算包括原料运输过程、焚烧发电处理过程以及预热发电资源化利用的碳减排过程。起始边界为焚烧发电原料收集运输,终止边界为预热发电资源化利用。

3.6.2   估算方法

焚烧发电碳核算主要参考《IPCC 2006 年国家温室气体清单指南   2019 修订版》(简称《2019 清单指南》),以及北京市地方标准《温室气体排放核算指南生活垃圾焚烧企业》(DB11/T 1416—2017)。

注:由于长江经济带各城市暂未颁布相关地方标准,且国家标准计划《温室气体排放核算与报告标准 生活垃圾焚烧企业》暂未实施,本书参考 DB11/T 1416—2017。

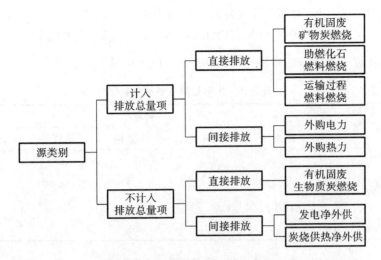

图 3-37　焚烧发电系统边界范围

3.6.2.1　收集运输过程的碳排放

收集运输过程共分为 2 个阶段。第 1 阶段,柴油货车将焚烧原料汇集到各中转站,碳排放主要来自运输货车油耗。该阶段柴油车运行时单位油耗为 3.91 L/t。忽略货车不同载重及速度的油耗差异。该阶段 CO_2 排放量如下:

$$E_{CO_2 \text{ collection1}} = WC_{\text{diesel}}\alpha$$

式中:$E_{CO_2 \text{ collection1}}$ 为收集运输第 1 阶段 CO_2 排放量,kg;C_{diesel} 为运输货车单位消耗,取 3.91 L/t;α 为柴油的 CO_2 排放因子,取 2.63 kg/L;W 为收集的焚烧原料总量,t。

第 2 阶段,货车将有机固废从中转站转移至集中处理点,此过程为"点对点"运输,CO_2 排放量如下:

$$E_{CO_2 \text{ collection2}} = \sum 2L_i\chi$$

式中:$E_{CO_2 \text{ collection2}}$ 为收集运输第 2 阶段 CO_2 排放量,kg;L_i 为各中转站至集中处理点的距离,km,取 20 km;χ 为重型货车 CO_2 排放因子,0.598 kg/km;数字 2 为该阶段每次运输按照往返两程计算。

3.6.2.2　焚烧处理过程碳排放

(1)生活垃圾矿物碳焚烧 CO_2 排放:生活垃圾中碳元素由生物碳和矿物碳两部分组成,其中生物碳的释放参与自然界的碳循环,并不增加大气碳含量,其燃烧产生的温室气体(CO_2)不计入排放总量,而矿物碳燃烧是生活垃圾在焚烧炉内燃烧产生温室气体的主要来源(表 3-19、表 3-20),其计算方法如下:

$$E_{CO_2 \text{ incineration}} = \frac{44}{12}\sum_{i=1}^{n}\left(F_{Wi} \times \frac{F_{m_i} \times F_{C_i} \times F_{KC_i} \times K_i}{100 \times 100 \times 100 \times 100}\right) \times 1000$$

式中:$E_{CO_2 \text{ incineration}}$ 为焚烧过程中因矿物碳焚烧导致的 CO_2 排放量,kg/t(有机固废);i 为有机固废成分;F_{Wi} 为每吨有机固废中第 i 种成分含量,t/t;F_{m_i} 为第 i 中成分中干物质所占比例，%；F_{C_i}为第i种成分的干物质中碳元素比例，%；F_{KC_i}为第i种成分的碳元素中矿物碳的比例，%；K_i为氧化因子，%（有机固废碳氧化率按95%确定）；$\frac{44}{12}$为碳转化成二氧化碳的转换比例；1000为单位换算因子，kg/t。

表 3-19　生活垃圾可燃组分参数

参　　数	物理组分				
	厨余类	纸张类	橡塑类	木竹类	纺织类
占比/（%）	21.14	4.51	15.31	1.35	23.12
含水率/（%）	65.23	10.92	1.94	26.44	6.71
碳元素占比/（%）	12.23	38.53	77.28	38.39	52.33
矿物碳占比/（%）	11.73	8.9	68.1	52.3	18.53

表 3-20　污泥可燃组分参数

类　　型	处理量/（t/d）	含水率/（%）	碳元素占比/（%）	矿物碳占比/（%）
PAM处理污泥	150	65.24	16.69	100
造纸脱墨污泥	150	75.00	33.46	100

据《生活垃圾焚烧炉及余热锅炉》（GB/T 18750—2008），入炉生活垃圾水分含量不宜大于50%，根据瀚蓝固废处理有限公司2022年6—10月焚烧发电垃圾库中生活垃圾检测结果可知，生活垃圾含水率低于50%，故可直接使用测算值进行计算。矿物碳参考DB11/T 1416—2017中推荐值。生活垃圾可燃组分参数如表3-19所示。

（2）燃烧产生的N_2O排放：N_2O排放于燃烧温度相对较低（500～950 ℃）的燃烧过程，影响其排放的因素有大气污染控制设备的类型、生活垃圾成分和过量空气系数。

$$E_{N_2O} = K_{N_2O} \times G_{N_2O}$$

式中：E_{N_2O}为焚烧产生的N_2O排放量（以CO_2当量计），kg/t；K_{N_2O}为N_2O排放因子，其中生活垃圾为50×10^{-3} kg N_2O/t，污泥为0.99 kg N_2O/t；G_{N_2O}为N_2O全球变暖潜势，取298 kg/（kg N_2O）。

参考瀚蓝固废处理有限公司垃圾焚烧运行模式，无助燃化石燃料燃烧CO_2排放、间接电力、热力排放。

3.6.2.3　焚烧发电上网碳减排

根据国家发改委发布的《中国区域电网基准线排放因子》，2021年华中区域电网电量边际排放因子（K_{OM}）和容量边际排放因子（K_{BM}）分别为0.7938 t/（MW·h）和0.2553 t/（MW·h）。华中区域电网组合边际排放因子（K_{CM}）计算如下：

$$K_{CM} = K_{OM} \times 0.5 + K_{BM} \times 0.5 = 0.5246 \text{ t/（MW·h）}$$

$$E_{CO_2 \text{ reduction}} = A_d \times K_{CM} \times 1000$$

式中：$E_{CO_2 reduction}$ 为焚烧发电上网碳减排量，kg/t；A_d 为焚烧发电上网电量，MW·h；1000 为单位换算因子，kg/t。

3.6.3　计算结果

设置不同场景，利用软件模拟垃圾焚烧过程发电效果，进而核算不同场景碳排放。场景设置如表 3-21 所示。

表 3-21　焚烧发电碳核算场景

场景编号	协同占比/(%)
1	100％生活垃圾
2	90％生活垃圾＋10％PAM 处理污泥
3	90％生活垃圾＋10％脱墨处理污泥

由图 3-38 可知，焚烧发电系统包括运输过程、矿物碳焚烧以及碳排放，其中矿物碳焚烧及碳排放远超于其他过程，占总体碳排放（减排前）的 87.2％～93.8％。其中入炉生活垃圾可燃组分中橡塑类焚烧产生的 CO_2 排放量最大，纺织类次之，主要是由于入炉生活垃圾可燃组分中橡塑类矿物碳含量最高，而纺织类在可燃组分中占比最大，且含水率低。因此，提高生活垃圾中橡塑类的回收率，降低其在入炉生活垃圾中的占比，在不考虑焚烧总量增加的情况下，将会给垃圾焚烧发电厂带来温室气体减排效益。协同焚烧降低了矿物碳焚烧的碳排放，但增加了 28.01 kg/t N_2O 的排放，且增加程度大于矿物碳焚烧的碳排放减少程度，故协同情况下总体碳排放（减排前）高于未协同的情况。

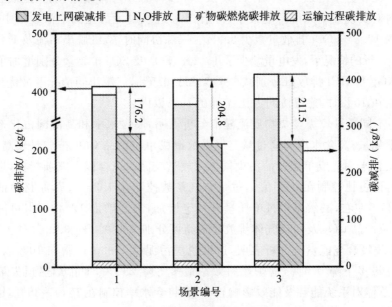

图 3-38　焚烧发电碳排放核算

协同焚烧会影响最后的碳排放（减排后），相较于纯生活垃圾焚烧发电增加了16.2%～20.0%的碳排放，主要原因是污泥协同焚烧会减少焚烧发电过程中水蒸气发电量，导致发电上网量碳排放减少了6.4%～7.6%。

3.7　本章小结

基于提升生活垃圾焚烧发电系统能效的理念，依据焚烧企业的实际生产工艺，构建焚烧发电仿真模型，分析了不同场景下协同焚烧的物质流和能量流，以探究固废协同焚烧的最佳条件。主要结论如下：

（1）利用 Aspen Plus 软件建立了垃圾焚烧发电工艺仿真模型。按照孝感市某生活垃圾发电厂实际生产数据设定相关参数，通过对比实际数据与模拟数据，验证了仿真模型的可靠性。发电量月生产平均值相对误差为1.7%；烟气中 CO_2 及污染气体（NO_x、SO_2、HCl）模拟结果都在生产报表极值范围内，且符合《生活垃圾焚烧污染控制标准》（GB 18485—2014）排放要求；O_2、烟气温度、锅炉产气量有一定误差，最大为15.0%，模拟结果与实际工况接近，可进行后续物质流、能量流等相关分析。

（2）多场景物质流模拟分析表明，二源协同时，随着协同占比的增加，发电量都是下降的，最大掺入占比为20%时，造纸生化污泥、S污泥、P污泥、F污泥协同焚烧发电量分别减少了13.0%、15.8%、15.2%、14.0%；随着协同占比的增加，CO_2、HCl 排放量均减少，掺入造纸生化污泥可减少14.02%的 CO_2 排放量及4.45%的 HCl 排放量；随着协同占比的增加，NO_x、SO_2 排放量逐渐升高，掺入20%P污泥、造纸生化污泥将分别增加0.2%的 NO_x 及130.2%的 SO_2 排放量；加入造纸脱墨污泥作为原料对焚烧发电系统影响最小，掺杂20%造纸脱墨污泥到生活垃圾中时，发电量下降约12.8%，CO_2 排放量减少3.9%。三源协同时，造纸脱墨污泥及F污泥协同占比均为5%的情况下，发电量减少了16.2%，CO_2 及 SO_2 排放量分别增加了2.8%、3.0%，NO_x 及 HCl 排放量分别减少了5.2%、0.5%，三源协同情况下最优。发电量下降控制在10%时，建议协同占比控制在10%以内。

（3）不同场景垃圾焚烧物质流模拟分析表明，高含水率和高协同占比造成较高原材料消耗量；高含水率和高过量空气系数造成单位产品 CO_2 排放量较高；低协同占比和低含水率造成单位产品污染气体排放量较高。综合以上三项指标，造纸脱墨污泥的协同占比控制在0～10%，过量空气系数控制在1.3～1.7，原材料的含水率控制在25%左右，虽然原材料单耗量有一定增加，最高增加17.4%，但可减少环境污染，单位产品 CO_2 及污染气体排放量最高可分别减少9.8%、3.2%。

（4）垃圾焚烧能量流分析表明，造纸脱墨污泥掺入占比控制在10%以内，有效发电能耗最多下降0.4%，锅炉燃料效率最多下降2.2%，而排烟热损失最多增加12.6%，总体对系统能耗及能效影响较小；若将含水率控制在15%～35%，锅炉燃料效率最多下降9.7%，排烟热损失最多增加28.6%，有效发电能耗最多下降8.3%；

若将过量空气系数控制在 1.7 以内,锅炉燃料效率最多下降 2.2%,排烟热损失最多增加 11.5%,有效发电能耗最多下降 4.1%。

(5)碳排放模拟结果表明,协同焚烧难以对碳排放产生增益,相较于纯生活垃圾焚烧发电增加了 16.2%~20.0% 的碳排放,主要原因是污泥协同焚烧增加了 28.01 kg/t 的 N_2O 排放,且减少焚烧发电过程中水蒸气发电量,导致发电上网量碳排放减少了 6.4%~7.6%。矿物碳焚烧碳排放远超其他碳排放过程,占总体碳排放(减排前)的 87.2%~93.8%。

综合物质流、能量流分析结果,垃圾焚烧协同处理中可掺入 10% 左右造纸污泥,含水率控制在 15%~35%,过量空气系数控制在 1.3~1.7,单位产品 CO_2 及污染气体排放指标最高可分别减少 9.8%、3.2%,有效发电能耗最多降低 0.4%,锅炉燃料效率最高降低 12.9%,排烟热损失最多增加 28.6%;碳排放增加 16.2%~20.0%,对污泥掺杂焚烧的比例需要合理配置。

参 考 文 献

[1] 国家统计局.中国统计年鉴[R].北京:中国统计出版社,2022.

[2] 杨新海.污泥协同焚烧技术发展的探讨与行业思考[J].净水技术,2018,37(11):1-3,39.

[3] 李剑颖.基于多元线性回归的生活垃圾热值影响因素分析[J].环境卫生工程,2019,27(4):35-40.

[4] 曹生宁,续晨帆,赵亚洁,等.高海拔地区燃气锅炉过量空气系数的选取[J].节能技术,2023,41(5):432-434.

[5] 陈尼青,阮徐均,万金雄,等.垃圾焚烧炉排炉 HCl 脱除影响与应用[J].中国环保产业,2021(1):45-48.

[6] 王圆圆,陈嘉川,杨桂花,等.脱墨污泥催化热解特性及动力学研究[J].中国造纸学报,2014(4):30-34.

[7] 王泽刚,郭虎,庞同国.超声波技术在造纸生化污泥减量化处理中的应用[J].中华纸业,2020,41(18):48-50.

[8] 陈诚.城市生活垃圾焚烧技术及烟气治理工艺研究[D].成都:西南交通大学,2015.

[9] 朱传强,胡利华,沈宏伟,等.生活垃圾焚烧选择性非催化还原(SNCR)的工程试验研究[J].工程热物理学报,2020,41(8):2089-2095.

[10] 蹇瑞欢,滕清,卜亚明,等."半干法+干法"烟气脱酸组合工艺应用于生活垃圾焚烧工程案例分析[J].环境工程,2010,28(S1):194-195.

[11] 李树森.城市固体生活垃圾 O_2/CO_2 燃烧发电厂流程仿真模拟与优化[D].北京:北京交通大学,2015.

[12]　张小辉,张朝曦,赵波,等.生活垃圾焚烧发电厂掺烧市政污泥的实例分析[J].中国资源综合利用,2023,41(6):73-76.

[13]　唐何娜,吕伟,王越兴,等.城市水质净化厂污泥热值分析[J].广东化工,2021,48(22):164-166.

[14]　廖凌娟,黄娜,江洪明,等.城市生活固体废弃物不同处理方式下的碳排放分析——以东莞市某垃圾焚烧发电厂为例[J].安徽农业科学,2013,41(16):7287-7289.

[15]　杨婉.垃圾焚烧炉 SNCR 脱硝特性优化及安全性研究[D].广州:华南理工大学,2021.

[16]　陈海军,严骁,许榕发,等.市政污泥掺烧对生活垃圾焚烧设施烟气中污染物排放的影响[J].安全与环境学报,2018,18(2):766-772.

[17]　杨娜,邵立明,何品晶.我国城市生活垃圾组分含水率及其特征分析[J].中国环境科学,2018,38(3):1033-1038.

[18]　陈兆林,温俊明,刘朝阳,等.市政污泥与生活垃圾混烧技术验证[J].环境工程学报,2014,8(1):324-328.

[19]　雷祖磊,刘晓燕,张相,等.基于 ASPEN 及 FLUENT 的危险废弃物焚烧工艺模拟及应用[J].能源工程,2022,42(5):53-61.

[20]　李忠林,梁炽琼,蔡明招,等.城市模化垃圾焚烧烟气中二氧化硫的生成特性[J].重庆环境科学,2000,22(3):37-39.

[21]　雷祖磊,刘晓燕,张相,等.基于 ASPEN 及 FLUENT 的危险废弃物焚烧工艺模拟及应用[J].能源工程,2022,42(5):53-61.

[22]　宋景全.垃圾焚烧发电厂发电效率的影响因素及提升措施[J].工程技术研究,2023,8(1):127-129.

[23]　李勇,卢丽坤,王艳红,等.不同标准锅炉热效率及其对发电煤耗率的影响[J].中国电力,2012,45(7):34-37.

[24]　付赟家,丁朝银.锅炉排烟热损失对锅炉热效率的影响[J].中国西部科技,2011,10(4):16-17.

[25]　BERNSTAD A K,JANSEN J L C. Review of comparative LCAs of food waste management systems:Current status and potential improvements[J]. Waste Management,2012,32(12):2439-2455.

[26]　边潇,宫徽,阎中,等.餐厨垃圾不同"收集-处理"模式的碳排放估算对比[J].环境工程学报,2019,13(2):449-456.

[27]　彭美春,李嘉如,胡红斐.营运货车道路运行油耗及碳排放因子研究[J].汽车技术,2015(4):37-40.

[28]　王龙,李颖.北京市生活垃圾焚烧发电厂温室气体排放及影响因素[J].环境工程学报,2017,11(12):6490-6496.

[29]　杨浩.污水处理固体废弃物的低碳处理和综合利用研究[D].哈尔滨:哈尔滨工业大学,2017.

[30]　黄文辉.提高生活垃圾焚烧发电厂能源利用率的方法研究[J].节能,2019,38(7):25-26.

第4章 多源有机固废水泥窑协同处理物质流与能量流耦合分析

近年来,生态文明建设纵深推进,国家层面对于水泥窑协同处理固废的重视程度不断提高。生活源有机固废成分复杂、有机物含量及热值较高,利用水泥窑协同处理可有效回收生活源中污泥、生活垃圾的热值,用于替代部分燃料,实现资源化。燃料替代技术目前是水泥行业发展较为成熟的减碳技术。从世界范围来看,欧洲处于领先地位,替代燃料替代率高达约 39%,其次是巴西和北美地区,大约为 5%,而我国水泥行业燃料替代率不足 2%。目前我国水泥行业燃料替代技术的发展相对落后,多数水泥窑协同处理生产线上的"替代燃料"存在废弃物预处理质量不高,掺烧比例和掺烧要求不明确等问题,导致生产的"替代燃料"热值波动大,对水泥熟料生产线运行造成较大影响,还未达到国际上认可的"替代燃料"质量标准。

由于水泥窑是一个非线性、强干扰、多变量、大滞后的复杂系统,过程中充满了高温和物理化学反应,种种因素使得系统的许多重要参数无法得到准确的检测,增加了水泥生产过程的智能控制难度。为此,在水泥窑运行经验和可获取参数的基础上,利用模拟软件构建协同水泥窑工艺仿真模型,预测多源有机固废水泥窑协同处理产物及产量,分析其组分特性,对于多源有机固废热利用具有重要的理论和实践意义。

水泥生产过程中关注系统性能、系统能效、熟料产量以及烧成热耗等指标。其中系统性能主要包括烧成系统总热效率、热回收效率;系统能效包括熟料综合煤耗、余热发电。在对水泥窑系统物质流与能量流分析前对系统影响因素进行研究十分重要,通过分析不仅能够找到最优参数条件,同时可为后续对系统的物质流与能量流评价提供数据支持。水泥窑系统中,物料的理化性质,包括元素分析、含水率以及碳含量,对水泥生产结果影响很大。含水率主要影响分解炉以及回转窑的温度,进而影响熟料的产量和品质。燃烧系统中碳含量与燃料能量直接相关,较高的碳含量意味着可提供更多能量,但也会产生更多的 CO_2,增加水泥生产碳足迹,且碳含量过高时会导致水泥窑火焰温度不稳定,对系统过度冲击进而造成过度燃烧,因此选取合适比例的有机固废以及合适的投煤量对水泥窑的稳定生产至关重要。综上所述,选取有机固废协同占比、含水率、投煤量三类影响因素进行分析研究,并结合实际生产运行工况、水泥窑工艺排放指标以及国家双碳行业需求,水泥窑协同处理有机固废关注指标主要为熟料产量、分解炉温度、CO_2 排放量、SO_2 排放量、其他污染气体排放量,探究不同来源的污泥,如造纸污泥、市政污泥与水泥窑协同处理效应,挖掘典型有机固废丰富的潜在资源,以达到不增加设备、基建投入的前提下提高长江经济带有机固废高效利用的目的。

水泥窑协同处理有机固废的优势在于可利用水泥窑生产过程产生的高温环境和碱性气氛,有效阻止固废中有害物质的溶出,并中和氟化氢、氯化氢、二氧化硫等有害气体,从而避免二噁英和呋喃等有毒物质重新合成;同时,有机固废中含有部分无机成分以及可燃组分,可替代部分原料或燃料,减少所需的碳酸钙原料,从而降低二氧化碳的释放量,达到节省原料和降低能源消耗的效果。但有机固废的处理量会影响生产熟料的产量及质量,需要严格控制投入量和混合比例,以确保水泥生产的质量和环境的安全性。另外入炉物料的含水量对水泥生产具有较大影响,研究表明,含水率越高,利用水泥工业协同处理的能耗亏损越大,经济效益越低;由于有机固废的协同处理会在一定程度上影响水泥窑系统的投煤量,进而影响系统能耗,故对入炉物料含水率、入炉投煤量进行探究也至关重要。

基于物质流与能量流分析方法,针对长江经济带典型大中城市的水泥窑工艺进行工艺流程建模,在现有的运行工艺实况基础上,进行典型固废的协同处理模拟,如市政污泥、造纸污泥等,并对不同协同状态下进行物质转化、能量流动规律分析,以对固废协同热解处理的可行性提供数据支持。

4.1　多源有机固废水泥窑原料

目前,我国水泥行业协同处理利用的固废主要包括生活垃圾、危险废物、污泥等,所采用水泥窑协同处理固废源于长江经济带某市工业源造纸废渣、生活源市政污泥。污泥采集于不同城市污水处理厂脱水污泥;造纸废渣来源于一大型造纸厂。两种类型固废具有热值较高、灰分含量高等特点。相较于农林废弃物、餐厨垃圾而言,市政污泥及造纸废渣有机物含量较低,厌氧发酵利用率低、热值高,更适合用于焚烧或作为水泥窑生产过程替代燃料,以期高效利用其本身蕴藏的能量,为水泥生产过程提供热量。

用于水泥窑协同处理有机固废的种类及组分数据如表 4-1、表 4-2 所示。

表 4-1　有机固废工业分析(干基)

种类	名称	含水率/(%)	固定碳含量/(%)	挥发分含量/(%)	灰分含量/(%)
造纸污泥	脱墨污泥	75.00	6.39	58.99	34.62
	生化污泥	75.00	14.02	53.58	32.41
市政污泥	石灰铁盐处理污泥	77.82	2.39	35.21	62.40
	PAM 处理污泥	65.24	7.25	25.35	67.41
	芬顿处理污泥	45.15	11.70	36.19	52.11

表 4-2　固废元素及灰分分析

种　类	名　　称	w_C /(%)	w_H /(%)	w_O /(%)	w_N /(%)	w_S /(%)	w_{ASH} /(%)	LHV /(MJ/kg)
造纸废渣	脱墨污泥	33.46	4.41	26.90	0.33	0.28	—	11.84
	生化污泥	28.62	4.92	30.15	1.99	1.92	—	11.70
市政污泥	石灰铁盐处理污泥	15.30	2.97	15.68	2.26	0.53	63.26	5.28
	PAM 处理污泥	16.69	2.93	10.11	2.79	0.33	67.15	7.26
	芬顿处理污泥	23.02	3.69	16.02	4.20	1.00	52.07	9.76

4.2　多源有机固废水泥窑协同处理物质流与能量流分析方法

4.2.1　水泥窑协同处理工艺概述

以黄石市某水泥生产公司的新型干法水泥生产线为调研对象,其一期生产线日产水泥熟料 5000 t,二期生产线日产水泥熟料 4800 t,产能规模达年产水泥熟料 3.6×10^6 t。生活垃圾衍生燃料(refuse derived fuel,RDF)入窑处理系统日处理能力 1.6×10^7 t,可实现有机固废衍生燃料对煤原料的高效替代,有效解决城市生活垃圾的终端处理问题,减少化石能源的依赖,加强对经济、社会和环境效益的综合提升。

黄石市水泥窑协同处理工艺流程如图 4-1 所示,主要分为四个系统:原料系统、烧成系统、余热发电系统、熟料制成系统。

基于水泥窑协同处理工艺流程,确定了建模边界,建模中主要考虑原料系统以及烧成系统。烧成系统主要包括预热器、分解炉、回转窑等。结合工艺的实际运行过程,在煤粉仓和分解炉之间增设 RDF 进口。基于所建仿真模型,将市政污泥、造纸废渣两类有机固废掺入分解炉中研究其熟料产量,并对垃圾焚烧工艺的资源效率及环境效应进行评价分析。

4.2.2　水泥窑协同处理工艺仿真模型建立

4.2.2.1　建模原理

针对不同的水泥窑协同处理工艺,利用 Aspen Plus 模拟软件可以实现工艺过程行为的预测,其内置的物性参数和反应模块符合水泥窑协同处理工艺的模拟要求。目前水泥窑协同处理有机固废的工艺按照投放点可分为四类:投放至生料磨、悬浮预热器、预分解炉和窑尾烟室。

以黄石市水泥窑协同处理 RDF 的工艺和生产数据建立稳态流程仿真模型,在生料、煤和 RDF 等固体进料状态不变的条件下,新增污泥投加进料工艺模块,并选

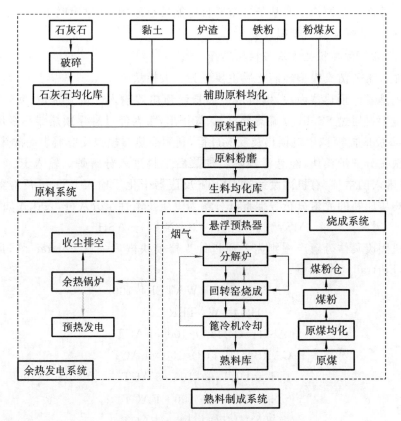

图 4-1　水泥窑协同处理工艺流程图

择预分解炉作为污泥投加位点。仿真模型包括水泥生产中的主要烧成环节:悬浮预热器、分解炉和回转窑等。冷却机是独立的冷却装置,在水泥生产过程中,水泥窑烧成的熟料通过冷却机的高速旋转和气流的作用,使水泥冷却至 200℃以下,不影响水泥生产中熟料产量、烟气排放量及成分,故水泥窑建模时不考虑冷却机。其中悬浮预热器自上而下共分为 $C_1 \sim C_5$ 五级,如图 4-2 所示,并做以下假设:

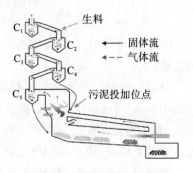

图 4-2　污泥投加位点示意图

(1) 在各模块中温度场均匀分布,所有反应达到稳态。

(2) 水泥生料中仅 $CaCO_3$ 和 $MgCO_3$ 发生分解,忽略原料加热过程中的灼减,其他成分例如 SiO_2、Al_2O_3、Fe_2O_3 等视为惰性组分,不参与反应。

(3) RDF、污泥和煤粉燃烧时,不考虑 C、H、O、N、S、Cl 等元素与其他物质的化合反应,不可燃部分归入灰分,灰分视为惰性组分。

通过简化工艺过程中的反应过程,以此构建水泥窑协同处理工艺仿真模型。水泥窑协同处理工艺模拟主要基于吉布斯自由能最小原则,通过串联 RStoic、RYield、RGibbs 模块进行反应的模拟计算。

4.2.2.2　仿真模型方法与模块选择

水泥窑工艺仿真模型经简化后主要分为三大模块。

首先是悬浮预热器模块,生料从一级悬浮预热器输入。从分解炉、回转窑回流的烟气与生料通过 SSplit 分流器分离,烟气排出,生料经过悬浮预热器逐级反应,利用 RStoic 反应器模拟生料预热及反应过程,利用换热器模拟反应器表面散热过程。

其次是分解炉模块,经悬浮预热器加热后生料进入分解炉。输入 RDF、煤、三次风、煤带入的空气,有机固废通过 RStoic 反应器干化后输入 RYield 反应器,依照非常规物质原料的元素分析数据将其分解为单质及惰性组分灰分,表达式如下:

$$MSW \longrightarrow C+H+S+N+O+ASH$$

有机固废具体分解产率则需要通过计算器模块嵌入一段 Fortran 语句进行计算得到,Fortran 语句如下:

$$FACT=(100-WATER)/100$$
$$H_2O=WATER/100$$
$$ASH=ULT(1)/100*FACT$$
$$CARB=ULT(2)/100*FACT$$
$$H_2=ULT(3)/100*FACT$$
$$N_2=ULT(4)/100*FACT$$
$$Cl_2=ULT(5)/100*FACT$$
$$SULF=ULT(6)/100*FACT$$
$$O_2=ULT(7)/100*FACT$$

其中,FACT 代表原料干基含量,ULT(1)～ULT(7)代表对应的原料元素分析的含量。

分解后的单质与预热后生料输入 RGibbs 反应器中进行燃烧重组,重组后产物进入 RStoic 反应器中进行二次反应以及烟气脱硫处理,使生料在分解炉中分解更彻底,利用换热器模拟分解炉表面散热过程,分解产生的半成品经 SSplit 分流器分流至回转窑模块,脱硫后烟气回流至悬浮预热器。

最后是回转窑模块,输入至回转窑的煤、二次风、煤携带的空气,同样利用 RYield 反应器依照非常规物质原料的元素分析数据将其分解为单质及惰性组分灰分,分解后生成的单质与经分解炉分解的产物混合,利用 RGibbs 反应器模拟更高温的燃烧分解反应,产物进入 RStoic 反应器中进行二次反应以及烟气脱硫处理,利用换热器模拟分解炉表面散热过程,最后通过 SSplit 反应器分离出熟料与烟气,部分烟气排出,部分烟气回流至分解炉循环使用。

借助 Aspen Plus 建立的水泥窑协同处理工艺仿真模型如图 4-3 所示。

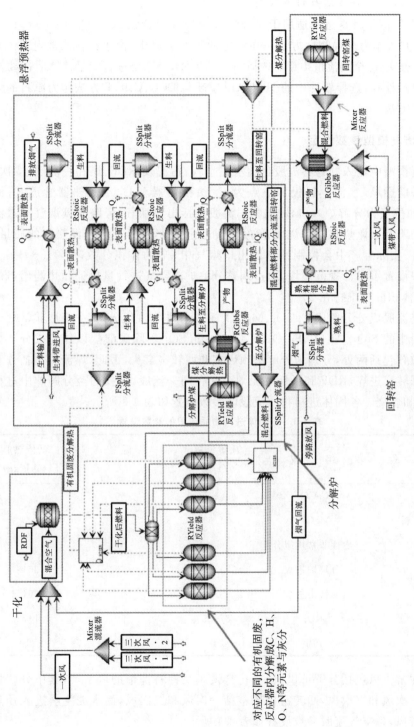

图 4-3　水泥窑协同处理工艺模拟流程

4.2.2.3 物性方法及仿真模型参数选择

根据 Aspen Plus 选择适用于非极性和弱极性混合物(如 CH_4、CO_2 等)的 PR-BM 性质方法作为全局物性方法。在设定的物性组成中,由于存在非常规固体原料及惰性组分灰分,全局流量类型需选择 MCINCPSD,对系统进行能量计算时需要涉及物料的热量计算,选择软件中的 HCOALGEN 与 DCOALIGT 方法作为原料的焓及密度计算方法。

4.2.3 仿真模型参数设定

仿真模型中输入的物料流股包括水泥生料、污泥及 RDF、煤和一次风、二次风、三次风等助燃风,水泥生料投加位点为 C_2 级预热器至 C_1 级预热器管道,污泥及 RDF 投加位点为分解炉入口,输出物料流股包括出口烟气、旁路放风烟气和水泥熟料。煤的不完全燃烧将导致烧成系统中形成还原性氛围,影响水泥熟料的质量,因此,水泥厂实际生产中会控制预热器出口烟气中 O_2 的体积分数,为 2%~3%。仿真模型中设置了设计规范模块,通过调整分解炉冷空气进气量保证预热器出口烟气中 O_2 的体积分数维持在 2%。

生料流股成分分解成 $CaCO_3$、$MgCO_3$ 和惰性非常规组分,其中惰性非常规组分替代生料中的 SiO_2、Al_2O_3、Fe_2O_3、K_2O、Na_2O、SO_3 等除碳酸盐以外的成分。煤粉的进料位置包括两处,分别为分解炉预燃室和回转窑窑头,因此,煤流股包括分解炉进煤和回转窑进煤,RDF 和活性污泥则合并在同一流股,均投加至分解炉中进行干化、分解和燃烧。各固体进料物质流股的参数设置如表 4-3 所示。

表 4-3 各固体进料物质流股的参数设置

流 股	组 成	质量流量/(t/h)	温度/℃	低位热值/(kJ/kg)
生料	$CaCO_3$	693.50	69	—
	$MgCO_3$	34.61	69	—
	惰性非常规组分	196.04	69	—
煤	分解炉进煤	24.80	65	26411
	回转窑进煤	23.50	65	26411
燃料	RDF	87.25	50	14722
	污泥	20	50	7105

水泥窑供风包括分解炉供风、回转窑供风及物料携带的风三类,其中分解炉供风包括一次风和三次风,回转窑供风包括一次风和二次风,而水泥生料进入预热器也会携带风,各空气流股参数设置如表 4-4 所示。

表 4-4　供风输入参数

流股方向	流股名称	标况体积流量 /(km³/h)	温度 /℃	组成/(%)		
				N₂	O₂	CO₂
进分解炉	煤带入风	8.0	67.0	79.0	21.0	0.0
	三次风-1	180.0	827.5	79.0	21.0	0.0
	三次风-2	180.0	796.6	79.0	21.0	0.0
进回转窑	二次风	140.0	1032.0	79.0	21.0	0.0
	煤带入风	11.1	62.0	79.0	21.0	0.0
进悬浮预热器	生料带入风	20.0	69.0	79.0	21.0	0.0

通过华新水泥实际生产工艺调研,对收集到的实际生产中煤、RDF 的工业分析及元素分析数据进行实验测量,具体数据见表 4-5、表 4-6。

表 4-5　煤、RDF 工业分析

种　类	含水率/(%)	固定碳含量/(%)	挥发分含量/(%)	灰分含量/(%)
RDF	47.23	2.98	60.76	36.26
煤	2.83	55.30	30.40	14.30

表 4-6　煤、RDF 元素分析

种　类	C 含量 /(%)	H 含量 /(%)	O 含量 /(%)	N 含量 /(%)	S 含量 /(%)	Cl 含量 /(%)	ASH 含量 /(%)	总比 /(%)
RDF	40.69	5.75	14.78	2.22	0.10	0.20	36.26	100
煤	67.33	4.18	11.94	1.30	0.94	0.01	14.3	100

4.2.4　仿真模型验证

当没有污泥输入时,仿真模型为水泥窑协同处理 RDF 生产工艺,悬浮预热器各级温度及出口烟气组分的模拟结果如表 4-7 所示,每一级模拟温度与工厂测量温度的相对误差绝对值小于 5%,由于出口烟气测量的温度为瞬时温度,实际温度会在 345～365 ℃ 波动,温度模拟结果可信度较高。烟气模拟结果如表 4-8 所示,各组分体积分数绝对误差不超过 1.6%,其中仅 CO 含量误差较大,原因为实际燃烧过程中燃烧时间极短,难以达到自由能最低的稳态。综合温度、烟气模拟结果与实际工况的对比,可以判断此仿真模型符合生产实际,具有较强的实际参考意义。

表 4-7　温度模拟结果与测量结果对比

预热器等级	测量温度/℃	模拟温度/℃	相对误差的绝对值/(%)
C₁	346.2	360.4	4.10

续表

预热器等级	测量温度/℃	模拟温度/℃	相对误差的绝对值/(%)
C_2	521.2	535.6	2.80
C_3	680.3	675.3	0.70
C_4	805.2	795.4	1.20
C_5	914.8	909.0	0.60

表4-8　出口烟气模拟结果与测量结果对比

类　　　型	组分 $w/(\%)$				温度 /℃	气体流量 /(m³/h)
	CO_2	O_2	CO	N_2		
$C_{1-A列}$ 实际值	34.21	2.54	0.0245	63.22	359.1	
$C_{1-B列}$ 实际值	32.91	2.93	0.0187	64.14	353.7	1865069
C_1 模拟值	32.82	2.27	0.0008	64.81	355.9	1790830

4.3　水泥窑协同处理影响因素分析

4.3.1　协同占比的影响

根据现有企业对有机固废的处理负荷能力,有机固废协同占比设置在50%以内。将收集到的五种工业源及生活源固废分别掺入分解炉中参与水泥窑生产过程,协同占比从0～50%,以10%为步长递增,熟料产量、分解炉温度随协同占比变化结果如图4-4、图4-5所示。S污泥、P污泥、F污泥分别代表石灰铁盐处理污泥、PAM

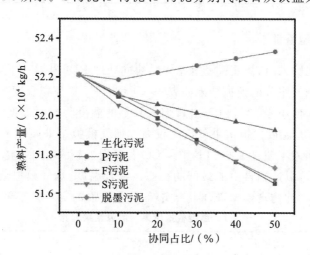

扫码看彩图

图4-4　熟料产量随协同占比变化曲线图

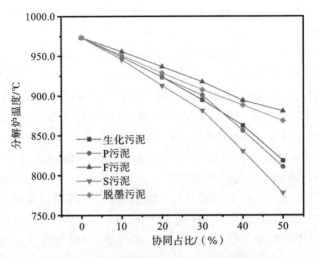

图 4-5　分解炉温度随协同占比变化曲线图

处理污泥及芬顿处理污泥。由图可知,随着各类固废占比的增加,水泥窑生产过程中的分解炉温度是下降的,原因在于五种污泥的热值相较于常用燃料(如煤)热值低。除 PAM 处理污泥熟料产量可高达 52.3×10^4 kg/h 外,其他污泥熟料产量随协同占比增加而下降。

随着生化污泥占比的增加,熟料产量从生化污泥占比为 0 时的 52.2×10^4 kg/h 逐渐减少到占比为 50%时的 51.7×10^4 kg/h。熟料产量降低的原因是生化污泥的含水率相较于 RDF 高,在一定程度上降低了分解炉的温度,从而影响生料在分解炉的分解率,进而影响熟料最终的产量。

随着芬顿处理污泥占比的增加,熟料产量从芬顿处理污泥占比为 0 时的 52.2×10^4 kg/h 逐渐减少到占比为 50%时的 51.9×10^4 kg/h。随着石灰铁盐处理污泥占比的增加,熟料产量从石灰铁盐处理污泥占比为 0 时的 52.2×10^4 kg/h 逐渐减少到占比为 50%时的 51.7×10^4 kg/h。随着脱墨污泥占比的增加,熟料产量从脱墨污泥占比为 0 时的 52.2×10^4 kg/h 逐渐减少到占比为 50%时的 51.7×10^4 kg/h。这三种污泥导致熟料产量降低的原因与生化污泥协同水泥窑处理原因相似。由图 4-4 可知,生化污泥、芬顿处理污泥、石灰铁盐处理污泥、脱墨污泥对熟料产量的降低影响程度:芬顿处理污泥<脱墨污泥<生化污泥<石灰铁盐处理污泥,与图 4-5 分解炉温度降低程度吻合。柴晓东等人针对水泥生产过程中分解炉温度对熟料产量的影响进行探究后发现,随着分解炉温度升高,生料分解率提高,因而熟料产量提高。脱墨污泥、生化污泥、石灰铁盐处理污泥低位热值有如下规律:脱墨污泥>生化污泥>石灰铁盐处理污泥。所以脱墨污泥对分解炉温度的影响相较于生化污泥、石灰铁盐污泥偏小,因而熟料产量降低的幅度也偏小。而芬顿处理污泥低位热值小于脱墨污泥,但在五种协同污泥中对分解炉温度影响幅度最低。分解炉温度的波动受燃料、协同污泥含水率、热值等因素影响,芬顿处理污泥相较于其他四种污泥含水率最低,低位热值为 9.76 MJ/kg,综合考虑以上两种因素,得出芬顿处理污泥对分解炉温度影响幅度最低。

　　随着 PAM 处理污泥占比的增加,熟料产量从 PAM 处理污泥占比为 0 时的 52.2×10⁴ kg/h 逐渐增加到占比为 50% 时的 52.3×10⁴ kg/h。熟料产量呈小幅度增加趋势。随着 PAM 处理污泥占比的增加,分解炉温度降低,但在污泥协同占比为 0~40% 时,分解炉温度仍能达到 860 ℃以上,水泥窑协同 PAM 处理污泥仍在分解炉合适的工况温度。此外,物质的粒径对燃烧过程有很大影响,粒径越大,物质燃尽率越低,推测 PAM 处理污泥比其他类型污泥细度小,因而作为反应的一部分,提高了燃尽率,进而提高了最终熟料的产量。

　　结合水泥工业大气污染物排放标准,水泥窑协同有机固废处理系统中烟气排放中的温室气体、二氧化硫、氮氧化物(包含 NO、NO₂)也是水泥窑协同有机固废研究重点关注对象。单位熟料 CO_2 排放量、SO_2 排放量、NO_x 排放量随协同占比变化结果如图 4-6 至图 4-8 所示,其中,CO_2 为生产过程的主要产物,约占 90%。

　　由图 4-6 可知,随着生化污泥、PAM 处理污泥、芬顿处理污泥、石灰铁盐处理污泥占比增加,单位熟料 CO_2 排放量减少,从生化污泥协同占比为 0 时的 860.2 kg/t.cl 减少到占比为 50% 的 827.9 kg/t.cl,减少了 32.3 kg/t.cl;从 PAM 处理污泥协同占比为 0 时的 860.2 kg/t.cl 减少到占比为 50% 时的 810.6 kg/t.cl,减少了 49.6 kg/t.cl;从芬顿处理污泥协同占比为 0 时的 860.2 kg/t.cl 减少到占比为 50% 时的 830.9 kg/t.cl,减少了 29.3 kg/t.cl;从石灰铁盐处理污泥协同占比为 0 时的 860.2 kg/t.cl 减少到占比为 50% 时的 813.6 kg/t.cl,减少了 46.6 kg/t.cl。

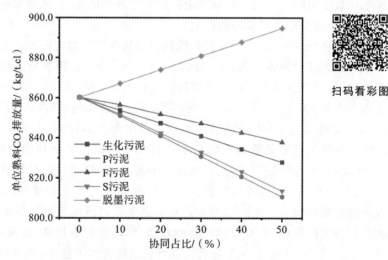

扫码看彩图

图 4-6　单位熟料 CO_2 排放量随协同占比变化曲线图

　　这主要是由于加入生化污泥后水泥窑协同燃烧挥发分的减少造成 CO_2 气体排放量减少。此外,有机固废的掺入在一定程度上可代替水泥行业中石灰石原料,减少了石灰石在高温条件下分解产生的 CO_2,因而具有降低 CO_2 排放量的作用。这四种污泥掺入水泥窑燃烧处理后对单位熟料 CO_2 排放量抑制程度有以下规律：芬顿处理污泥＞生化污泥＞石灰铁盐处理污泥＞PAM 处理污泥。对生物质的污染物排放特性进行了研究，发现 CO_2 排放量与生物质的固定碳以及挥发分中的含碳量有关。

根据依托项目在前期测量出的各种污泥元素分析数据，将以上四种污泥干基中固定碳与挥发分中碳的总含量按从大到小排序：生化污泥＞芬顿处理污泥＞PAM处理污泥＞石灰铁盐处理污泥。刘钊发现在燃烧过程中由于供氧不足可造成不完全燃烧而产生 CO，而 CO 排放浓度与固定碳含量有关。固定碳含量高，因不完全燃烧产生的 CO 也相应增多。生化污泥固定碳含量大于芬顿处理污泥固定碳含量，在燃烧过程中，部分固定碳因为不完全燃烧而产生 CO，产生的 CO_2 相应减少，因而生化污泥单位熟料 CO_2 排放量小于芬顿处理污泥单位熟料 CO_2 排放量。虽然 PAM处理污泥含碳量大于石灰铁盐处理污泥，但由于 PAM 处理污泥熟料产量随协同占比增加呈上升趋势，石灰铁盐处理污泥熟料产量随协同占比增加呈下降趋势，因而PAM 处理污泥单位熟料 CO_2 排放量小于石灰铁盐处理污泥单位熟料 CO_2 排放量。

随着脱墨污泥占比增加，单位熟料 CO_2 排放量增加，从脱墨污泥协同占比为 0 时的 860.2 kg/t. cl 增加到占比为 50％时的 894.8 kg/t. cl，增加了 34.6 kg/t. cl。这是由于随着脱墨污泥协同占比的增加，熟料产量呈下降趋势，且元素分析中脱墨污泥相较于其他四种污泥含碳量最高。因而，随着脱墨污泥的增加，单位熟料 CO_2排放量增加。

由图 4-7 可知，随着生化污泥、PAM 处理污泥、芬顿处理污泥、石灰铁盐处理污泥、脱墨污泥占比增加，SO_2 排放量增加。从生化污泥协同占比为 0 时的 178.5 mg/m³ 增加到占比为 50％时的 285.3 mg/m³；从 PAM 处理污泥协同占比为 0 时的

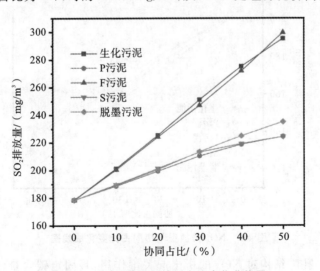

扫码看彩图

图 4-7　SO_2 排放量随协同占比变化曲线图

178.5 mg/m³ 增加到占比为 50% 时的 224.5 mg/m³；从芬顿处理污泥协同占比为 0 时的 178.5 mg/m³ 增加到占比为 50% 时的 299.6 mg/m³；从石灰铁盐处理污泥协同占比为 0 时的 178.5 mg/m³ 增加到占比为 50% 时的 224.4 mg/m³；从脱墨污泥协同占比为 0 时的 178.5 mg/m³ 增加到占比为 50% 时的 235.1 mg/m³。出现这一现象的原因是五种污泥的含硫量均大于 RDF，且含硫量生化污泥＞芬顿处理污泥＞石灰铁盐处理污泥＞PAM 处理污泥＞脱墨污泥。生化污泥与芬顿处理污泥含硫量明显高于其他三种，因而 SO₂ 排放量增加的趋势更加明显，石灰铁盐污泥、PAM 处理污泥、脱墨污泥含硫量相近，因而 SO₂ 排放量增加的趋势相似。

由图 4-8 可知，随着生化污泥、PAM 处理污泥、芬顿处理污泥、石灰铁盐处理污泥、脱墨污泥占比增加，NO_x 排放量减少。从生化污泥协同占比为 0 时的205.0 mg/m³ 增加到占比为 50% 时的 120.8 mg/m³；从 PAM 处理污泥协同占比为 0 时的 205.0 mg/m³ 增加到占比为 50% 时的 137.0 mg/m³；从芬顿处理污泥协同占比为 0 时的 205.0 mg/m³ 增加到占比为 50% 时的 139.4 mg/m³；从石灰铁盐处理污泥协同占比为 0 时的205.0 mg/m³ 增加到占比为 50% 时的 124.9 mg/m³；从脱墨污泥协同占比为 0 时的 205.0 mg/m³ 增加到占比为 50% 时的 156.4 mg/m³。NO_x 排放量减小的原因可能为污泥挥发分中的氮通常以 NH_i 基团的形式而不是以 HCN 或 CN 基团的形式释放出来，同时挥发分中高能级的碳氢化合物原子团也使部分 NO_x 被还原，反应方程式如下：

$$NO+NH \rightleftharpoons N_2+OH$$
$$NO+NH_2 \rightleftharpoons N_2+H_2O$$
$$NO+CH_2 \rightleftharpoons N+H_2CO$$

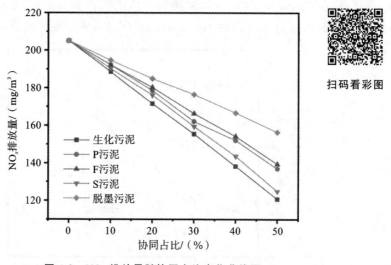

扫码看彩图

图 4-8　NO_x 排放量随协同占比变化曲线图

另一方面，孔隙结构对 NO_x 的析出起关键作用，且固定碳含量较高时，随着温度升高，燃料表面迅速黏结，使得燃料表面的孔结构变差，不利于挥发分 NO 的析出,污泥中固定碳含量高于 RDF,故降低了 NO_x 的排放。

　　由上述二源固废水泥窑协同处理分析可知,仅有 PAM 处理污泥掺入分解炉中燃烧可提高熟料产量,增加约 0.19%;综合考虑污染气体排放量,在 SO_2、NO_x 排放允许范围内,脱墨污泥有更大的协同处理潜力,掺入脱墨污泥对 SO_2 排放量影响较小;掺入 PAM 处理污泥可减少 $49.6\ kg/t.cl$ 的 CO_2 排放量,故选择 RDF、PAM 处理污泥与脱墨污泥进行三源水泥窑协同模拟,PAM 处理污泥与脱墨污泥协同占比总和在 50% 以内,对比三源协同与二源协同结果,探寻最优协同情况。结果见图 4-9至图 4-12。

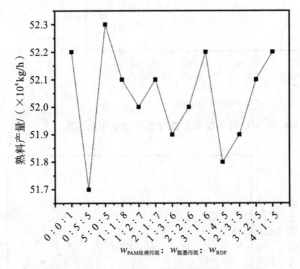

图 4-9　熟料产量随三类物质占比变化曲线图

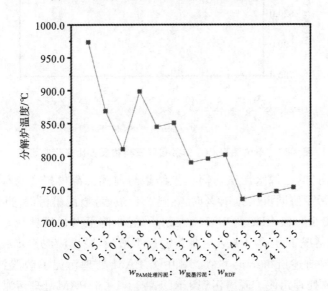

图 4-10　分解炉温度随三类物质占比变化曲线图

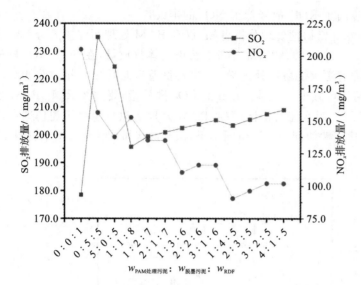

图 4-11　SO₂ 和 NOₓ 排放量随三类物质占比变化曲线图

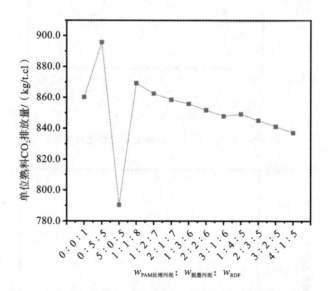

图 4-12　单位熟料 CO₂ 排放量随三类物质占比变化曲线图

由图 4-9 可知，三源水泥窑协同模拟结果与前述二源模拟产物预测趋势相近，当 PAM 处理污泥协同占比为 50% 时，熟料产量最多，当脱墨污泥协同占比为 50% 时，熟料产量最少。以 RDF 为主要输入物质，逐步降低其协同比例。在 RDF 输入量保持不变的情况下，随着 PAM 处理污泥逐步增加，脱墨污泥逐步减少，熟料产量呈上升趋势，与前述所得结论类似。其中当 PAM 处理污泥∶脱墨污泥∶RDF＝1∶1∶8、PAM 处理污泥∶脱墨污泥∶RDF＝3∶1∶6、PAM 处理污泥∶脱墨污泥∶RDF＝4∶1∶5 时，熟料产量可保持协同前系统产量。

由图 4-10 可知,随着 PAM 处理污泥、脱墨污泥的加入,分解炉的温度均低于未协同时系统温度,即污泥的输入对分解炉温度升高有一定的抑制作用。

由图 4-11 可知,将三种物质进行水泥窑协同模拟时,SO_2 排放量相较于二源协同的情况有所增加,NO_x 排放量相较于二源协同的情况有所减少。出现该现象的原因为在加入污泥进行协同时,通过前述可知,SO_2 排放量呈现增加的趋势,NO_x 排放量呈现降低趋势。根据《水泥工业大气污染物排放标准》(GB 4915—2013),现有与新建企业大气污染物排放限值中规定水泥窑及窑尾余热利用系统 SO_2 排放量应不大于 200 mg/m^3。根据图 4-11,协同占比总和应小于 30%。由前述可知,随着脱墨污泥占比增加,单位熟料 CO_2 排放量增加;随着 PAM 处理污泥占比增加,单位熟料 CO_2 排放量减少。由图 4-12 可知,单位熟料 CO_2 排放量随 PAM 处理污泥及脱墨污泥协同占比的增加而不断减少,但减少幅度小于 PAM 处理污泥单独协同的情况。

基于上述分析可知,不同有机固废协同占比对于水泥窑协同处理工艺的产物分布有较大的影响。在二源有机固废协同处理中,市政污泥选择 PAM 处理污泥掺入分解炉中协同燃烧效果是最好的,最佳的协同占比为 0~20%,这样既不影响熟料产量,保证了分解炉运行温度,又能够减少约 18.8 kg/t. cl 的 CO_2 排放量,增加了 11.7% 的 SO_2 排放量,减少了 12.9% 的 NO_x 排放量,SO_2、NO_x 满足了排放标准。在充分利用 PAM 处理污泥潜在资源的同时降低系统对环境的影响。造纸废渣中最优的协同固废为脱墨污泥。相对于生化污泥而言,脱墨污泥对于熟料产量、分解炉温度、SO_2 排放量影响较小。

在三源有机固废协同处理中,PAM 处理污泥:脱墨污泥:RDF 为 2:1:7 时结果最优,熟料产量减少了 847 kg/h,分解炉可处于较佳运行温度,增加了 12.5% 的 SO_2 排放量,减少了 34.2% 的 NO_x 排放量,且 SO_2、NO_x 也满足排放标准,但对 CO_2 的排放没有显著影响。根据二源及三源水泥窑协同结果分析,加入 PAM 处理污泥作为协同原料可有效提高水泥窑协同处理效果,所以后续研究暂考虑将 PAM 处理污泥作为协同原料进行分析研究。

4.3.2　含水率的影响

由于 Aspen Plus 中采用的计算器模块主要用于改变干燥后投入分解炉的有机固废含水率,所以对于含水率的影响研究针对其原料干燥程度,即探究经过干燥后原料的含水率对水泥窑产物的影响,为表述方便,采用干燥后原料的含水率作为操纵变量,含水率变化范围为 15%~65%。

不同协同占比下熟料产量受干燥程度的影响如图 4-13 所示。随着干燥程度的降低,有机固废进料含水率增加,熟料产量逐渐减少。李春萍等人以某水泥厂湿污泥直喷入窑工艺为研究对象,通过对污泥理化特性的分析,以水分为依据,对水泥窑进行探究,发现污泥含水率是影响水泥窑协同处理的主要因素。投入的有机固废含水率增高,分解炉反应物容易在窑内形成结圈、结皮,增加运转负荷,出现影响炉内通风等不良情况,使得熟料产量下降、烟气排放量增加,导致水泥熟料减产。

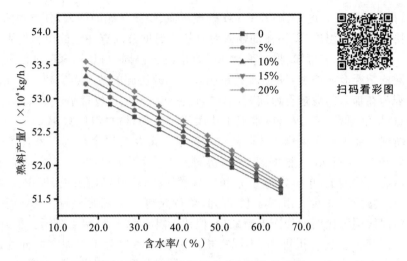

图 4-13　不同协同占比下熟料产量随含水率变化曲线图

由图 4-13 可知,在无协同的情况下,含水率从 15.0% 增加到 65.0% 时,熟料产量下降了 1897.4 kg/h,这与范海宏等人对水泥窑协同处理研究中,随着污泥含水率的增加,熟料减产量不断增大的结果一致;而在 20% 的协同占比情况下,熟料产量下降了 2214.2 kg/h,协同占比较大时,熟料产量受影响较大。

不同协同占比的情况下,分解炉温度受干燥程度的影响如图 4-14 所示。进料含水率为 15%～65% 时,随着有机固废进料含水率的增加,分解炉温度逐渐降低。这是由于随着污泥含水率的增加,污泥实际入炉单位热值变小,入炉污泥总热量也变小。随着污泥含水率的增大,入炉污泥中水分的吸热量也增大,导致实际入炉总热量变小,从而导致分解炉温度随着污泥含水率的增加而降低。且由图 4-14 可知,当进料含水率大于 50% 时,分解炉的温度无法达到 850 ℃,这与卢骏营对污泥含水率对污泥干化焚烧工艺影响的研究结果相近。

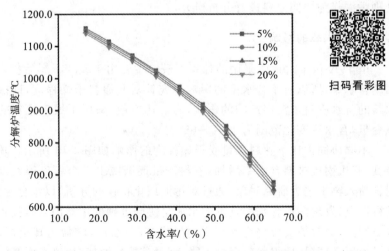

图 4-14　不同协同占比下分解炉温度随含水率变化曲线图

含水率对烟气中 CO_2 排放量、SO_2 排放量、NO_x 排放量也存在影响,如图 4-15 至图 4-17 所示。随着含水率的增加,分解炉中水分蒸发吸收大量热量,大量水蒸气笼罩于煤的周围,阻止空气进入燃烧区,造成煤粉不完全燃烧现象,火焰不集中,烧成带温度低,导致 CO_2 排放量减少。

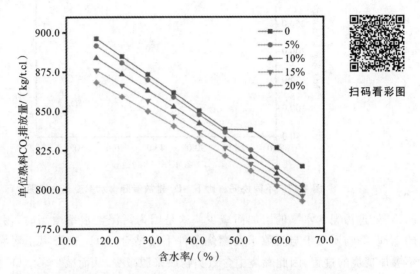

扫码看彩图

图 4-15　不同协同占比下单位熟料 CO_2 排放量随含水率变化曲线图

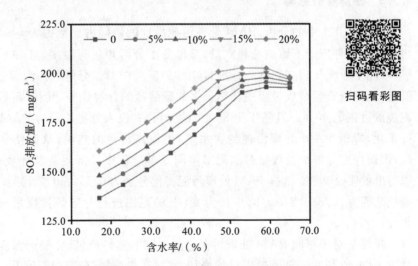

扫码看彩图

图 4-16　不同协同占比下 SO_2 排放量随含水率变化曲线图

PAM 处理污泥含水率低于 55.0% 时,SO_2 排放量随着含水率的增加而增加,PAM 处理污泥含水率高于 55.0% 时,SO_2 排放量趋于平缓。这是因为含水率较高会导致分解炉温度降低,产生还原性氛围,回转窑以及分解炉内硫酸钙与产生的 CO 或者余留的碳反应,生成 SO_2,从而导致烟气出口 SO_2 气体增加。NO_x 排放量随着

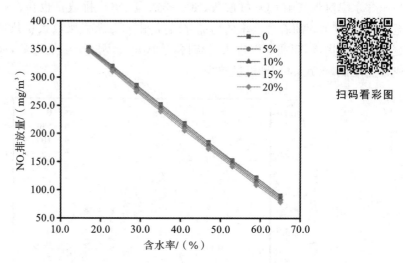

扫码看彩图

图 4-17　不同协同占比下 NO$_x$ 排放量随含水率变化曲线图

PAM 处理污泥含水率的增加而减少。这是因为污泥含水率增高时,污泥中所含有的 NH$_3$ 等物质易于与间隙水在燃烧条件下相结合,NH$_3$ 被带离了污泥焚烧体系,不参加焚烧的过程,因此燃烧中含氮类物质来源减少,从而减少了 NO$_x$ 的排放量。

4.3.3　投煤量的影响

　　基于 4.3.1 中的分析,PAM 处理污泥最佳的协同占比范围为 0～20%,在最佳协同占比条件下既不影响熟料产量,又保证了分解炉运行温度,且 SO$_2$ 排放量满足了《水泥工业大气污染物排放标准》(GB 4915—2013)。分解炉作为预分解窑的核心设备,承担着熟料煅烧过程中耗热最多的碳酸盐的分解任务,其耗煤量巨大,约占水泥烧成过程的 60%。且基于 4.3.2 中的分析,在投入分解炉前对 PAM 处理污泥进行干化,降低 PAM 处理污泥的含水率,可提高污泥的热值,从而使分解炉温度升高,因而探究分解炉投煤量对水泥窑协同处理过程中经济效益及环境效益的影响,以得出最佳投煤量。选择 PAM 处理污泥占比分别为 0、5%、10%、15%、20%,投煤量变化范围为 20.8～28.8 t/h,步长为 2 t/h 的范围进行分解炉投煤量对工艺的影响研究。

　　投煤量对于不同 PAM 处理污泥协同占比下熟料产量、分解炉温度的影响如图 4-18、图 4-19 所示。随着投煤量的增加,熟料产量增加、分解炉温度升高。这是由于投煤量的增加,提供了更多热值,使得分解炉输入热量提高,从而使分解炉温度提升,在实际生产中,升高温度对分解反应有明显的促进作用,可使反应的分解率增大,生料在分解炉内更好地达到终态分解,从而使最终熟料产量提高。随着 PAM 处理污泥协同占比的增加,熟料产量增加,分解炉温度降低,这与 4.3.1 中的模拟分析结果一致。

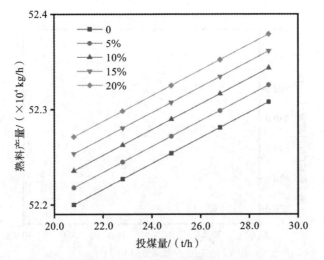

扫码看彩图

图 4-18 不同协同占比下熟料产量随投煤量变化曲线图

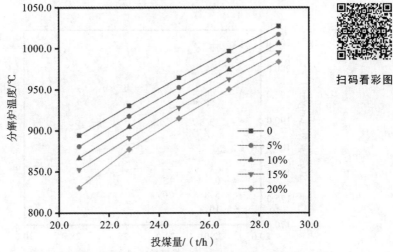

扫码看彩图

图 4-19 不同协同占比下分解炉温度随投煤量变化曲线图

单位熟料 CO_2 排放量、SO_2 排放量、NO_x 排放量在不同协同占比情况下随投煤量的变化如图 4-20 至图 4-22 所示。随着投煤量的增加,烟气中的单位熟料 CO_2 排放量越来越大,这是由于输入煤量的增加,使 C 元素含量增大,产生了更多的 CO_2。而 SO_2 排放量随着投煤量的增加而降低,NO_x 排放量随着投煤量的增加而增加。一般情况下,硫酸钙的高温分解是钙基固硫剂固硫率低的主要原因,但在水泥生产过程中,由于生料的组成中含有 Al_2O_3 等物质,在高温下形成了 $Ca_5(SiO_4)_2SO_4$、$3CaO \cdot 3Al_2O_3 \cdot CaSO_4$ 以及抑制 $CaSO_4$ 高温分解的熔融包裹物,使固硫产物不再以高温稳定性差的活性形式存在。随着温度的升高,形成的包裹物含量增加,使得水泥生料的固硫效果改善,因而烟气中 SO_2 排放量小幅度降低。燃烧过程中 NO_x 的

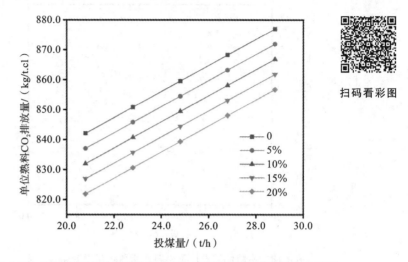

扫码看彩图

图 4-20　不同协同占比下单位熟料 CO_2 排放量随投煤量变化曲线图

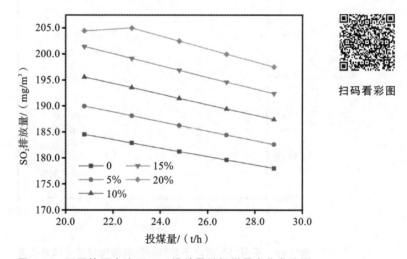

扫码看彩图

图 4-21　不同协同占比下 SO_2 排放量随投煤量变化曲线图

生成途径主要有三个：热力型 NO_x、燃料型 NO_x 和快速型 NO_x，煤燃烧过程中产生的 NO_x 主要为燃料型 NO_x，它占 NO_x 生成总量的 $60\%\sim80\%$。分解炉中温度达到 $850\sim1000\ ℃$ 时，所释放出来的热量随即用于周围生料的分解，普遍认为分解炉内煤粒是无焰燃烧，氮氧化物的产生以燃料型 NO_x 为主。接着物料到达回转窑，在高温条件下产生大量的热力型 NO_x 和燃料型 NO_x，随着温度的升高，热力型 NO_x 的生成量会以几何倍数增长，投煤量增加使系统温度升高，因而 NO_x 排放量会随着投煤量的增加而增加。

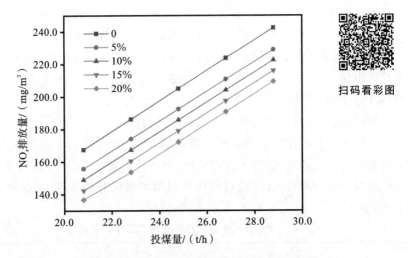

图 4-22　不同协同占比下 NO_x 排放量随投煤量变化曲线图

4.4　水泥窑协同处理物质流分析

结合前一章节内容,研究水泥生产过程中的物质流情况,并建立相应物质流模型,基于该模型对水泥窑协同处理系统进行分析,构建物料平衡账户,对生产过程中物质利用情况进行对比分析。

4.4.1　水泥窑协同处理现状物质流分析

4.4.1.1　水泥窑协同处理工艺物质流模型

按照实际企业调研以及 Aspen Plus 仿真模型搭建获取的数据绘制水泥窑协同处理工艺物质流,如图 4-23 所示。图中根据水泥窑协同处理工艺各模块进行了一定的简化处理,以方便进行物质流分析。简化后的水泥窑协同处理过程主要分为悬浮预热器、分解炉、回转窑、冷却机四个部分,最终的产品由冷却机产出,生产过程中

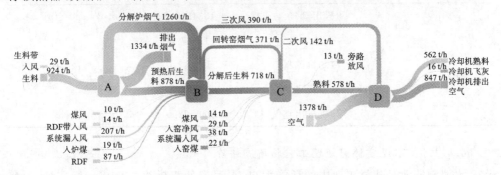

图 4-23　水泥窑协同处理工艺物质流

产生的废物主要是利用后的低温烟气。图中的箭头表示物质的不同类型以及流动方向,箭头上的标记为该物质的名称。外界输入的物质流分别为生料流、煤原料流、助燃 RDF 及空气流;由系统中工序直接流向外界的物质流分别为固体水泥熟料流、冷却机出口空气流、废弃物烟气流、旁路放风流。A 代表悬浮预热器,B 代表分解炉,C 代表回转窑,D 代表冷却机。

4.4.1.2　水泥窑协同处理工艺物料平衡账户

根据建立的水泥窑协同处理物质流仿真模型,构建相应的物料平衡账户,对物料种类以及数量的输入、输出进行梳理,以此为基础,为后续评估和量化水泥窑协同处理过程中的物质投入、产出以及资源利用率提供分析基础,系统物料平衡账户如表 4-9 所示。

表 4-9　水泥窑协同处理工艺物料平衡账户

物质流向	项目	流量/(kg/h)	合计(kg/h)
输入	生料	924369.2	2772350.9
	生料带入风	28691.7	
	入炉煤	19447.6	
	RDF	87250.0	
	煤风	10388.0	
	RDF 带入风	13576.5	
	系统漏入风	245165.0	
	入窑煤	22011.7	
	煤风	14351.0	
	入窑净风	29339.5	
	空气入冷却机	1377760.7	
输出	排出烟气	1334350.3	2772350.9
	旁路放风	13467.6	
	冷却机熟料	562212.0	
	冷却机飞灰	15798.4	
	冷却机排出空气	846522.6	

4.4.1.3　水泥窑协同处理工艺物质流评价

水泥制造业是建材工业中的耗能大户,水泥产品能耗约 2×10^8 t 标准煤,占建材工业能耗的 60% 左右,占全国总能耗的 5% 左右。《水泥单位产品能源消耗限额》

(GB 16780—2021)细化了不同类型水泥企业煤耗要求,可显著降低水泥的能源消耗和温室气体排放,社会环境经济效益明显。

坚决遏制"两高"项目盲目发展,已成为能耗双控和"碳达峰、碳中和"工作的当务之急和重中之重。国家发展和改革委员会等部门要求到 2025 年,通过实施节能降碳行动,水泥等重点行业和数据中心达到标杆水平的产能占比超过 30%,行业整体能效水平明显提升,进一步引导水泥企业加大节能减碳工作力度,淘汰落后低效产能,推动水泥相关高效节能技术研发和推广,为水泥行业落实"碳达峰、碳中和"工作要求提供强有力的标准支撑。对此采用标准中"熟料单位产品综合能耗"作为水泥窑协同处理过程中物质流分析指标之一。

综合水泥窑协同处理工艺企业循环经济建设特点以及生产过程中物质流动特征分析,选取单位产品资源消耗量、单位产品能源消耗量、单位产品污染气体排放量三个量为物质流分析指标。其中单位产品资源消耗量指生料投入量与熟料产量的比值(kg/kg);单位产品能源消耗量指水泥窑协同处理过程中消耗燃料量,如煤、RDF、污泥总和与熟料产量的比值(kg/kg);单位产品污染气体排放量指 CO_2、硫氧化物与氮氧化物排放量总和与熟料产量的比值(kg/kg)。

在现行情况下,系统单位产品资源消耗量为 1.70 kg(生料)/kg(熟料),单位产品能源消耗量为 0.24 kg(煤、RDF)/kg(熟料),单位产品污染气体排放量为 2.28 kg(污染气体)/kg(熟料),如图 4-24 所示。对系统进行多场景分析,结果应以现行工艺三个物质流分析指标作为参照,在协同处理污泥的基础上,找到低原材料单耗、低污染气体排放量的情况。

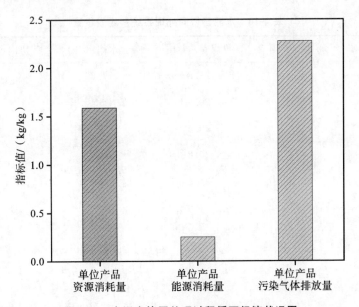

图 4-24　水泥窑协同处理过程循环经济状况图

4.4.2 多场景模拟水泥窑协同处理物质流分析

4.4.2.1 参数设定

向水泥窑生产系统掺入市政污泥、造纸废渣进行协同,通过 Aspen Plus 模拟发现,有机固废协同占比、含水率和投煤量对于熟料产量、分解炉温度、污染气体排放量都有影响,通过设置不同协同占比、含水率以及投煤量,来对比分析水泥窑协同处理系统的资源消耗、能源消耗以及环境效率情况。继续选择 PAM 处理污泥作为协同原料,协同程度设置为无(0)、中(10%)、高(20%)。PAM 处理污泥与垃圾衍生燃料 RDF 投加点一致,投入口设置在分解炉。在设置协同占比时,总流量不变,为87.25 t/h。改变协同占比仅改变其中的进料量,含水率及投煤量数值设置为低(30%、20.8 t/h)、中(40%、24.8 t/h)、高(50%、28.8 t/h)三种;现行场景参数为无协同、47.23% 的 RDF 含水率及 24.8 t/h 的分解炉投煤量。

4.4.2.2 场景设置

根据上述参数选择的不同,设置三大类共 10 个场景,其中每一个场景都代表一种可能的降低资源消耗、能源消耗、污染气体排放量的路径。物质流多场景分析中设置了 3 个变量,分别是有机固废协同占比、有机固废含水率以及分解炉投煤量,每个变量有 3 个不同水平,通过三因素三水平设置正交实验表,共 9 个场景。现行场景指经调研后得到的水泥窑实际情况下运行的场景,通过对各类参数的调整而形成的各类场景来代表这些参数节约资源以及减少污染排放的能力,具体场景设置如表4-10 所示。

表 4-10　水泥窑协同处理系统多场景设置

编　号	场景代码	投煤量/(t/h)	含水率/(%)	协同占比/(%)
1	现行	24.8	47.23	0
2	111	20.8	30	0
3	123	20.8	40	20
4	132	20.8	50	10
5	213	24.8	30	20
6	222	24.8	40	10
7	231	24.8	50	0
8	312	28.8	30	10
9	321	28.8	40	0
10	333	28.8	50	20

4.4.2.3　协同效果分析

通过计算不同场景下的物质流分析指标。不同场景单位产品资源消耗量变化如图4-25所示。现行单位产品资源消耗量为 1.590 kg(生料)/kg(熟料),仅在投煤量 24.8 t/h,投料含水率为50%,无协同情况下,单位产品资源消耗量指标超出现有场景,为 1.592 kg(生料)/kg(熟料)。这主要是因为该场景相较于现行场景,增加了分解炉进料含水率,根据上节分析,随着进料的增加,熟料产量会降低。而其他场景设置中主要改变了投煤量、含水率、协同占比,随着 PAM 处理污泥协同占比的增加、投煤量的增加,熟料产量增加,而生料进料量一直保持不变,因而单位产品资源消耗量指标相较于现行场景低。

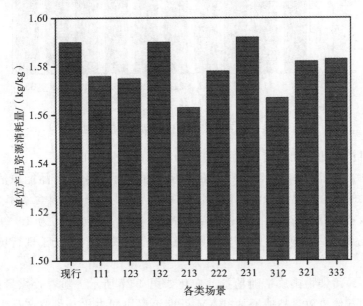

图 4-25　不同场景单位产品资源消耗量

当投煤量不变时,单位产品资源消耗量随着含水率的降低而降低,并在投煤量为 24.8 t/h,投料含水率为 30%,协同占比为 20% 时,单位产品资源消耗量达到最低值,为 1.563 kg(生料)/kg(熟料),相较于现行场景降低了 1.7%。由此可知,含水率对单位产品资源消耗量影响很大,在投入分解炉前对有机固废进行干燥,保持合适的含水率进入分解炉是十分必要的,且加入一定的 PAM 处理污泥对单位产品能源消耗量有一定程度的降低作用。

单位产品能源消耗量在不同场景下的变化如图 4-26 所示,现行单位产品能源消耗量为 0.252 kg(燃料)/kg(熟料)。随着投煤量的增加,单位产品能源消耗量不断升高。当投煤量相同时,随着进料含水率的增加,单位产品能源消耗量小幅度提升。因而改变投煤量、进料含水率对于单位产品能源消耗量影响较大。虽然 PAM 处理污泥协同占比增加,进料含水率的降低可使熟料产量增加,但投煤量的增加幅

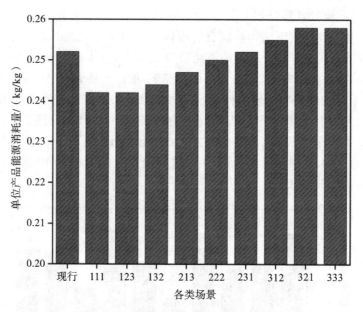

图 4-26　不同场景单位产品能源消耗量

度大于出料产量的增加幅度,因而单位产品能源消耗量降低。

　　根据图 4-26,除了 312、321、333 场景外,其他场景的单位产品能源消耗量均小于现行场景的单位产品能源消耗量。当投煤量为 20.8 t/h,投料含水率为 30%,无协同占比及投煤量为 20.8 t/h,投料含水率为 40%,协同占比为 20% 时,单位产品能源消耗量达到最低值,为 0.242 kg(燃料)/kg(熟料),相较于现行场景降低了 4.0%。

　　单位产品污染物排放量随场景的变化如图 4-27 所示。随着投煤量的增加,单位产品污染气体排放量整体增加;PAM 处理污泥协同占比对单位产品污染气体排放量影响不大;随着进料含水率的增加,单位产品污染物气体排放量减少。可能是因为含水率的增加使系统还原性氛围增强,碳源燃烧不完全或转化率降低,使 CO_2 产量减少。其中当投煤量为 20.8 t/h,投料含水率为 50%,协同占比为 10% 时,单位产品污染气体排放量达到最低值,为 2.141 kg(污染气体)/kg(熟料),相较于现行场景降低了 6.0%。这是因为污染气体中,CO_2 占绝大部分,随着含水率的增加,单位熟料 CO_2 排放量降低幅度较大,因而单位产品污染物排放量降低幅度较大。

　　综上所述,通过对现有水泥窑协同处理工艺以及设置的不同场景进行物质流分析可知,当投煤量为 20.8 t/h,投料含水率为 40%,协同占比为 20% 时,单位产品资源消耗量、单位产品能源消耗量、单位产品污染物排放量均优于现行场景指标,相较于现行场景单位产品资源消耗量降低了 0.9%,单位产品能源消耗量降低了 4.0%,单位产品污染物排放量降低了 4.6%;当投煤量为 24.8 t/h,投料含水率为 30%,协

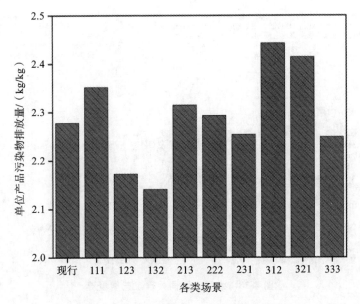

图 4-27　不同场景单位产品污染物排放量

同占比为 20％时,相较于现行场景,在增加了 1.6％单位产品污染物排放量的情况下,单位产品资源消耗量降低了 1.7％,单位产品能源消耗量降低了 2.0％;当投煤量为 20.8 t/h,投料含水率为 50％,协同占比为 10％时,相较于现行场景,单位产品资源消耗量保持不变,单位产品能源消耗量降低了 3.2％,单位产品污染物排放量降低了 6.0％。

不同场景下协同掺入 10％～20％的 PAM 处理污泥进入分解炉,将有机固废干燥至含水率为 30％～40％,适当降低投煤量可有效降低单位产品资源消耗量、单位产品能源消耗量及单位产品污染物排放量。

4.5　水泥窑协同处理物质流与能量流耦合分析

水泥窑能量流分析旨在研究水泥窑协同处理过程的能量流动及转化情况,忽略各个模块间传递所消耗的电能等,只涉及各个物料间能量的传递、生料分解过程吸收或者放出的能量,排放废气、飞灰所带走的热量以及各个反应器的表面散热。

4.5.1　能量流计算原理与方法

将水泥窑系统的每个操作模块看作一个独立的系统,依次对悬浮预热器、分解炉、回转窑、冷却机四个模块进行能量衡算,最后将每个模块的能量衡算结果串联在一起,组成整个水泥窑系统的能量流,如图 4-28 所示。A 代表悬浮预热器,B 代表分解炉,C 代表回转窑,D 代表冷却机。系统输入的能量为原料、燃料及助燃空气携带

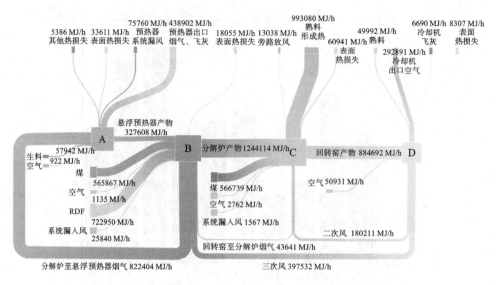

图 4-28　水泥窑协同处理工艺能量流

的能量,系统输出的能量包括熟料带走的能量、水泥窑各类产物带走的能量以及反应器热负荷。物理热计算方法同式(2-7)。

所需物料的比热容如表 4-11 所示。

表 4-11　物料的比热容

物　料	比热容/(kJ/(kg·K))
熟料	0.790
飞灰	1.047
空气	1.023
烟气	1.526
生料	0.908
煤	1.260
RDF	2.447

化学热主要为热解原材料的化学热,通过其低位热值计算,物料低位热值如表 4-12 所示,其他复杂成分及反应器热负荷等通过能量守恒及 Aspen Plus 模拟计算得到。

表 4-12　物料低位热值

物　料	低位热值/(MJ·kg)
RDF	7.77

物　　料	低位热值/(MJ·kg)
煤	25.66
生化污泥	11.70
脱墨污泥	11.84
芬顿处理污泥	7.10
石灰铁盐处理污泥	9.90
PAM 处理污泥	5.33

4.5.2　水泥窑协同处理现状能量流分析

4.5.2.1　悬浮预热器模块物料能量流分析

悬浮预热器模块输入能量包括水泥生料所带热量、生料带入风热量以及分解炉提供的烟气所带入能量。输出能量则包括预热后生料所带热量、预热器出口飞灰热量、预热器出口废气热量、预热器表面散失热量、系统漏风所带走热量以及其他热损失,例如蒸发生料中水分耗热。其中,可通过 Aspen Plus 模拟计算出横向烟气流,其他数据由华新水泥能效报告所提供数据进行核算。

悬浮预热器模块的能量平衡计算结果见表 4-13,干燥模块的输入能量与输出能量占比如图 4-29 所示,图中扇形面积占比代表了各类物料所携带能量在总能量中的百分比。

表 4-13　悬浮预热器能量流

物质流向	项　　目	流量/(MJ/h)	合计/(MJ/h)
输入	生料	57941.6	881267.6
	生料带入风	922.0	
	分解炉烟气	822404.0	
输出	飞灰	29696.0	881267.6
	热生料	327608.3	
	系统漏风	75760.3	
	C_1 排出烟气	409206.0	
	预热器表面散热	33611.0	
	其他热损失	5386.0	

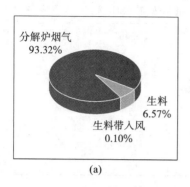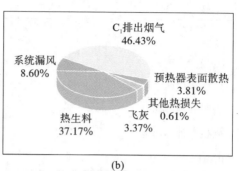

扫码看
彩图

(a)   (b)

图 4-29   悬浮预热器模块能量输入(a)与输出(b)占比图

悬浮预热器模块,包括生料带入风热量,为 922.0 MJ/h,以及分解炉烟气所带入热量,为 822404.0 MJ/h,该热量中的部分使生料加热,其余热量以飞灰、排出烟气、反应器表面散热、热损失散失。其中流入生料的热量占总能耗的 37.17%,C_1 排出烟气热量占总能耗的 46.43%,系统漏风所带热量占总能耗的 8.60%。

通过分析可知,悬浮预热器加热模块主要能耗为生料升温、C_1 排出烟气带走热量以及系统漏风散失热量,通过改善生产工艺,例如降低 C_1 出口废气温度,可有效控制排出烟气热量,或改善生产设备,控制系统漏出空气量,可在一定程度上增加预热生料所带热量的占比。

4.5.2.2   分解炉模块物料能量分析

分解炉模块输入能量包括悬浮预热器预热后生料、入炉煤、RDF、入分解炉煤风、RDF 风、三次风、系统漏入风所带热量以及回转窑提供的烟气流所带入能量。输出能量则包括分解炉分解后生料所带热量,煤燃灰、RDF 燃灰所带热量,分解炉表面散失热量以及吹向悬浮预热器烟气所含热量,共为 2084572.2 MJ/h。

分解炉模块的物料衡算及能量衡算结果如表 4-14 所示,能量输入与输出占比结果如图 4-30 所示。从结果分析可知,分解炉分解过程中回转窑烟气带来 43641.1 MJ/h 能量,从冷却机回流至分解炉的三次风所带能量为 397531.5 MJ/h,另外分解炉模块由外界供给的能量包括入炉煤、煤风、系统漏入风、RDF、RDF 风,共为 1315791.3 MJ/h,经分解炉分解后熟料带走的总能量为 901052.8 MJ/h,占分解炉模块总能量的 43.22%。

表 4-14　分解炉能量流

物质流向	项　　目	流量/(MJ/h)	合计/(MJ/h)
输入	热生料(预热器)	327608.3	2084572.2
	入炉煤	565866.6	
	RDF	722950.4	
	煤风	656.6	
	RDF 风	477.9	
	回转窑烟气	43641.1	
	三次风	397531.5	
	系统漏入风	25839.8	
输出	熟料(分解炉)	901052.8	2084572.2
	煤燃灰(分解炉)	80918.9	
	RDF 燃灰(分解炉)	262141.8	
	分解炉烟气	822404.0	
	分解炉表面散热	18054.7	

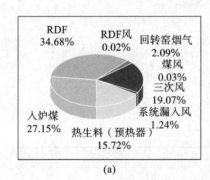
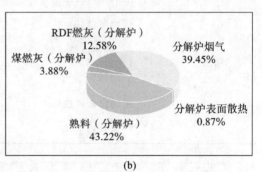

图 4-30　分解炉模块能量输入(a)与输出(b)占比图

4.5.2.3　回转窑模块物料能量分析

回转窑模块输入能量包括分解炉分解后生料、煤燃灰、RDF燃灰、入窑煤、入窑煤带入空气、入窑净风、二次风以及系统漏入风所带热量。输出能量则包括熟料、入窑煤燃灰、旁路放风、回转窑吹向分解炉烟气所带热量、回转窑表面散热以及熟料形成热,共为 1995392.1 MJ/h。

回转窑模块的物料及能量衡算结果如表 4-15 所示,能量输入与输出占比结果

扫码看彩图

如图 4-31 所示。分析结果可知,分解炉至回转窑的过程中从冷却机回流至回转窑的二次风带入能量 180211.4 MJ/h,另外分解炉模块由外界供给的能量包括入窑煤、燃煤灰、RDF 燃灰、空气等供给的能量,共为 914128.1 MJ/h。生料经回转窑反应更加彻底,所带能量为 803648.3 MJ/h,占回转窑模块总能量的 40.28%。对于回转窑的优化,可考虑采用更高性能的隔热、保温材料,大幅度减少回转窑筒体及其热工设备的散热。

表 4-15 回转窑能量流

物质流向	项目	流量/(MJ/h)	合计/(MJ/h)
输入	熟料(分解炉)	901052.8	1995392.2
	煤燃灰(分解炉)	80918.9	
	RDF 燃灰(分解炉)	262141.8	
	入窑煤	566739.0	
	煤风	907.1	
	入窑净风	1854.5	
	二次风	180211.4	
	系统漏入风	1566.7	
输出	熟料(回转窑)	803648.3	1995392.2
	煤燃灰(回转窑)	81043.6	
	旁路放风	13037.8	
	回转窑烟气	43641.1	
	回转窑表面散热	60941.4	
	熟料形成热	993080.0	

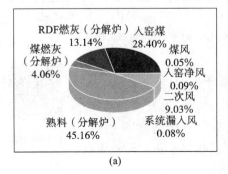

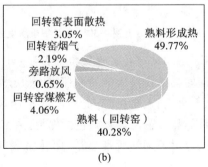

图 4-31 回转窑模块能量输入(a)与输出(b)占比图

4.5.2.4　冷却机模块物料能量分析

冷却机模块输入能量包括回转窑反应后熟料、入冷却机空气所带热量。输出能量则包括出冷却机熟料、冷却机飞灰、二次风、三次风、冷却机排出空气所带热量以及冷却机表面散热，共为935622.7 MJ/h。

冷却机模块的物料及能量衡算结果如表 4-16 所示，能量输入与输出占比结果如图 4-32 所示。分析结果可知，冷却机中所带热量大部分经由二次风、三次风循环回分解炉、回转窑中。提高冷却机热回收效率与有效利用该部分热量十分重要。

表 4-16　冷却机能量流

物质流向	项目	流量/(MJ/h)	合计/(MJ/h)
输入	熟料(回转窑)	884691.9	935622.7
	入冷却机空气	50930.8	
输出	熟料(冷却机)	49991.9	935622.7
	冷却机飞灰	6690.3	
	二次风	180211.4	
	三次风	397531.5	
	冷却机排出空气	292890.7	
	冷却机表面散热	8306.9	

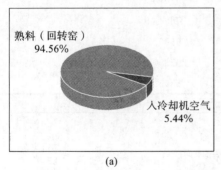

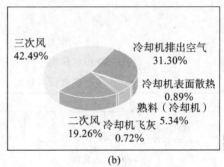

图 4-32　冷却机模块能量输入(a)与输出(b)占比图

4.5.2.5　水泥窑协同处理总物料能量分析

基于以上分析，将悬浮预热器、分解炉、回转窑、冷却机四个模块的分析结果整合后得到水泥窑协同处理系统的能量流衡算表如表 4-17 所示，系统的能量输入与输出占比如图 4-33 所示。

表 4-17　　系统能量流

物质流向	项目	流量/(MJ/h)	合计/(MJ/h)
输入	生料	57941.6	1996653.1
	生料带入风	922.0	
	入炉煤	565866.6	
	RDF	722950.4	
	煤风 1	656.6	
	RDF 风	477.9	
	系统漏入风	27406.6	
	入窑煤	566739.0	
	煤风 2	907.1	
	入窑净风	1854.5	
	入冷却机空气	50930.8	
输出	悬浮预热器飞灰	29696.0	1996653.1
	预热器系统漏风	75760.3	
	C_1 排出烟气	409206.0	
	预热器表面散热	33611.0	
	其他热损失	5386.0	
	分解炉表面散热	18054.8	
	旁路放风	13037.8	
	回转窑表面散热	60941.4	
	熟料形成热	993080.0	
	熟料(冷却机)	49991.9	
	冷却机飞灰	6690.3	
	冷却机排出空气	292890.7	
	冷却机表面散热	8306.9	

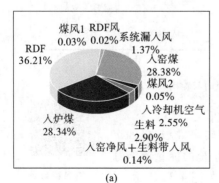

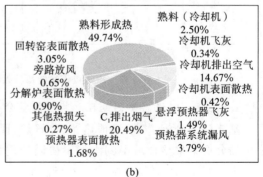

(a)　　　　　　　　　　　　　　(b)

图 4-33　　系统能量输入(a)与输出(b)占比图

由表 4-17 与图 4-33 可知,熟料生成后系统可利用的能量主要以熟料形成热、C_1 排出烟气所带热量散失,分别占总能量的 49.74%、20.49%,因而提高熟料形成热效率非常重要。

4.5.3　模拟水泥窑协同处理物质流与能量流耦合分析　　扫码看彩图

根据水泥工业发展趋势,同时满足消纳废弃物等方面的要求,2014 年,以行业技术装备验收规程的形式,提出的具有一系列设计运行指标要求的新一代工艺技术,为我国水泥工业的发展提供了目标和方向。同一条件下,熟料单位形成热越高,水泥熟料形成热效率越低。可通过计算单位熟料形成热明确水泥熟料形成热效率情况,对企业生产技术、工艺操作进行考察。

熟料形成热效率即熟料形成热与 C_1 出口废气和粉尘带出热量、冷却机余风与熟料带出热量、热工设备壳体散热、生料水分气化所需热量等热量之和的比值。

$$\gamma = Q_{sh}/(Q_{sh} + Q_{ss} + Q_f + Q_B + Q_{fh} + Q_{Lsh} + Q_{Pk}) \times 100\%$$

式中:γ 为熟料形成热效率(%);Q_{sh} 为熟料形成热(MJ/h);Q_{ss} 为生料水分气化所需热量(MJ/h);Q_f 为 C_1 出口废气热量(MJ/h);Q_{fh} 为 C_1 出口粉尘带出热量(MJ/h);Q_B 为热工设备壳体散热(MJ/h);Q_{Lsh} 为熟料带出热量(MJ/h);Q_{Pk} 为冷却机排出空气带出热量(MJ/h)。

多源有机固废协同占比、含水率、投煤量对于水泥窑协同处理系统都存在一定影响,下面改变上述三种因素探究系统能量变化,对水泥窑熟料形成热效率情况进行评价。

4.5.3.1　协同占比对水泥窑协同处理能效的影响

从不同固废协同占比对水泥窑协同处理运行影响的分析中可知,市政污泥中选择燃烧效果较优的 PAM 处理污泥掺入分解炉中,最佳的协同占比范围为 0~20%,此范围既不影响熟料产量,又保证了分解炉运行温度,且能够使 CO_2 排放量减少约 18.8 kg/t.cl,且 SO_2 和 NO_x 排放量均达标。在水泥窑协同处理能量流研究中,输出产物主要为熟料以及悬浮预热器排放气体,因而以 PAM 处理污泥进行协同占比作为操纵变量,系统总能耗、排放气体所带热量作为采集变量,考察 PAM 处理污泥占比为 0、4%、8%、12%、16%、20%(投煤量 24.8 t/h,初始含水率 47.23%)时,系统总能耗、排放气体所带热量的情况,计算分析系统熟料形成热效率的变化。

系统总能耗及熟料形成热效率随 PAM 处理污泥协同占比的变化如图 4-34 所示。随着 PAM 处理污泥协同占比的增加,排放气体所带热量呈下降趋势。排放气体所带热量随着 PAM 处理污泥协同占比增加而降低的原因是,PAM 处理污泥含水率较高,燃烧过程中会使系统温度降低,从而使排出烟气所带热量降低。在同等生料投入的情况下,随着 PAM 处理污泥协同占比的增加,系统总能耗、熟料形成热效率不断升高,协同占比从 0 增至 20% 时,系统能耗增加约 100 kJ/kg.cl。这是因为高含水率原料进入分解炉中,原料升温需要吸收更多热量,导致系统总能耗增加;

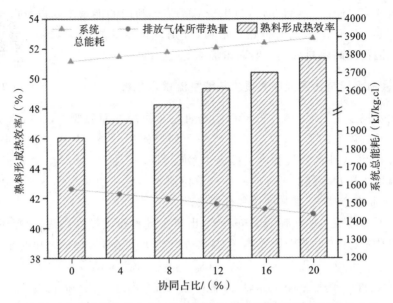

图 4-34 不同协同占比下水泥窑协同处理系统总能耗及熟料形成热效率

掺入 PAM 处理污泥,排出烟气所带热量下降幅度大于能耗增加幅度,故熟料形成热增多,熟料形成热效率提高。

4.5.3.2 含水率对水泥窑协同处理能效的影响

为了分析含水率对水泥窑协同处理的系统总能耗及熟料形成热效率的影响,以 PAM 处理污泥输入量、RDF 的含水率作为操纵变量,含水率范围设置为 30%～50%,步长为 2%,协同占比与前一节相同,探究有机固废含水率对系统总能耗及熟料形成热效率的影响。

不同协同占比下系统总能耗及熟料形成热效率随含水率的变化如图 4-35 所示。在同一协同占比下,随着 PAM 处理污泥含水率的增加,系统总能耗逐渐减少,在 PAM 处理污泥协同占比小于 8% 时,熟料形成热效率随含水率增加而增高;在 PAM 处理污泥协同占比大于 8% 时,熟料形成热效率随含水率增加而小幅度降低。系统总能耗减少是由于干燥是能量消耗较大的单元操作之一,对高含水率原料进行干燥,将液态水变成气态,需要供给较大的气化潜热。而 PAM 处理污泥含水率超 60% 时,进炉前对其进行干燥,会使系统总能耗增加。随着含水率的增加,熟料形成热效率变化幅度为 0.1%～0.6%,变化较小。根据熟料形成热效率计算公式,总能耗等于熟料形成热加上各种热损失,要提高熟料形成热效率就要降低各种热损失。由图4-35所示,排放气体所带热量随着含水率的增加而降低,降低趋势与系统总能耗趋势相近,因而熟料形成热效率随着含水率的增加只发生小幅度变化。其中 PAM 处理污泥含水率低、协同占比为 20% 时,熟料形成热效率最高,为 53.5%。而在同一含水率的情况下,随着 PAM 处理污泥协同占比的增加,系统总能耗小幅度增加,但系统能效有较大提升,与前一节分析吻合。

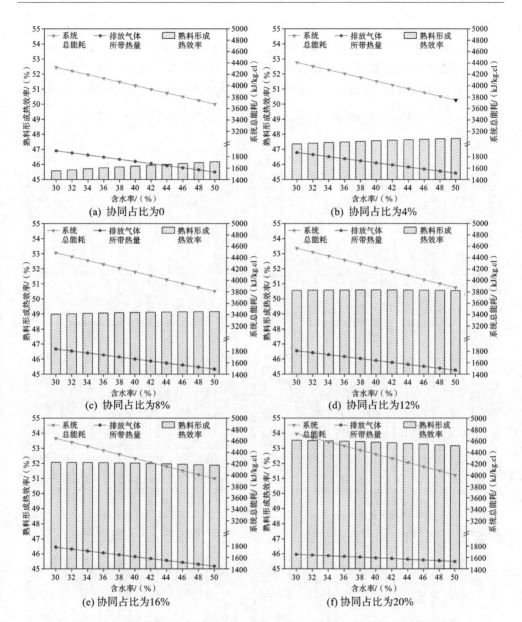

图 4-35　不同协同占比下含水率对系统总能耗及熟料形成热效率的影响图

基于上述分析可知,掺入 10% 左右 PAM 处理污泥,在进入系统前将原料适当干燥至含水率 35%～45%,相较于现行工况,系统能耗增加了 6.2%～8.0%,可使熟料形成热效率提高 3.0%～4.5%。

4.5.3.3　投煤量对水泥窑协同处理能效的影响

投煤量是水泥生产过程中的主要参数,投煤量的变化会影响分解炉、回转窑温度,对熟料产量、烟气组分及产量、系统总能耗产生较大影响。以投煤量作为操纵变量,范围设置为 20.8～28.8 t/h,步长为 1 t/h,协同占比与前一节相同,探究在协同处理固废过程中,投煤量对水泥窑协同处理系统总能耗及熟料形成热效率的影响。

不同协同占比下系统总能耗及熟料形成热效率随投煤量的变化如图 4-36 所示。在同一协同占比下,随着投煤量的增加,系统总能耗逐渐增加,熟料形成热效率

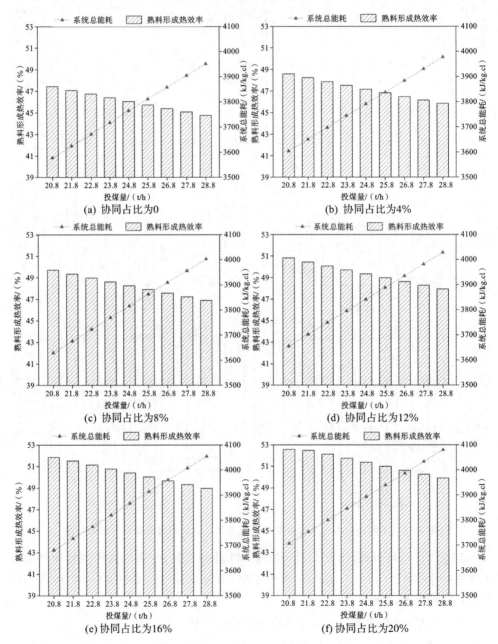

图 4-36　不同协同占比下投煤量对系统总能耗及熟料形成热效率的影响图

逐渐减小。这是由于煤的增加使系统总热值增大,而熟料产量只小幅度提升,使得系统总能耗增加,熟料形成热效率降低。在同一投煤量的情况下,随 PAM 处理污泥协同占比增加,系统总能耗降低,这与 4.5.3.1 中的分析相吻合。其中投煤量为 20.8 t/h、PAM 处理污泥协同占比为 20% 时,熟料形成热效率最高,为 52.6%。

基于上述分析可知,在不改变其他条件的情况下,小幅度降低现行工况分解炉投煤量至 20~25 t/h,相较于现行工况,掺入 10% 左右 PAM 处理污泥时,可使熟料形成热效率提高 2.2%~4.7%;掺入 20% PAM 处理污泥,可使熟料形成热效率提高 5.3%~6.5%。

4.6　水泥窑处理碳核算

4.6.1　研究边界

水泥窑系统边界范围如图 4-37 所示。

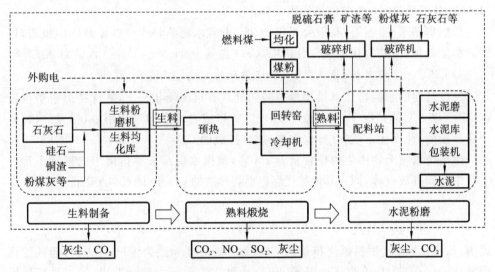

图 4-37　水泥窑系统边界范围

水泥窑制备水泥过程分为三个阶段,包括生料制备、熟料煅烧、水泥粉磨。基于 IPCC 原理将水泥行业 CO_2 排放分为三类:原材料中碳酸盐煅烧排放、化石燃料(替代燃料)燃烧排放、电力间接排放。结合模拟软件建立的水泥窑仿真模型,碳核算研究范围为生料制备至熟料煅烧出回转窑的整个生产过程。原材料中碳酸盐煅烧排放、化石燃料(替代燃料)燃烧排放集中于熟料煅烧阶段,电力间接排放包括生料制备用电排放、化石燃料(替代燃料)装机用电排放。

4.6.2 估算方法

水泥窑碳排放核算方法根据《中国水泥生产企业温室气体排放核算方法与报告指南(试行)》(以下简称《水泥生产核算指南》)中的核算方法,水泥企业 CO_2 排放总量如下:

$$E_{CO_2} = E_1 + E_2 + E_3 + E_4$$

式中:E_{CO_2} 为 CO_2 排放总量,kg/t. cl;E_1 为与煅烧过程有关的 CO_2 排放量,主要指原料中碳酸盐的煅烧分解,kg/t. cl;E_2 为化石燃料(替代燃料)燃烧排放的 CO_2 量,kg/t. cl;E_3 为电力间接排放的 CO_2 量,kg/t. cl;E_4 入炉物料预处理(干化)排放的 CO_2 量,kg/t. cl。

4.6.2.1 原料中碳酸盐煅烧排放的 CO_2 量(E_1)

$$E_1 = \frac{(\frac{44}{56}C_{CaO} + \frac{44}{40}C_{MgO}) \times 1000}{100}$$

式中:C_{CaO}、C_{MgO} 分别为熟料中 CaO、MgO 的含量,%;44、56、40 分别为 CO_2、CaO、MgO 的分子量;1000 为单位换算因子,kg/t. cl。

根据华新水泥(黄石)有限公司年产 285 万吨水泥熟料生产线能效测试报告(以下简称能效报告)熟料化学成分分析中,CaO 含量为 64.99%,MgO 含量为 2.79%。

4.6.2.2 化石燃料(替代燃料)燃烧排放的 CO_2 量(E_2)

通过搭建的水泥窑仿真模型模拟协同处理有机固废状态下,在保持分解炉温度在 950~960 ℃的情况下,模拟生产过程中节省或者增多的煤炭用量,参照《水泥生产核算指南》计算化石燃料(替代燃料)燃烧排放的 CO_2。

生活垃圾筛上物中生物碳含量为 100%,根据水泥窑核算指南中的规定不计入生产中的碳排放核算,同理其他替代燃料燃烧排放的 CO_2 不计入本次碳排放核算。

$$E_2 = m_{coal}\alpha$$

$$E_{re-coal} = \sum A_j \times Q_{naj} \times F_{aj} \times \gamma_j + \sum A_j \times Q_{naj} \times F_{aj} \times \varepsilon_j$$

式中:$E_{re-coal}$ 为替代燃料燃烧排放的 CO_2 量,kg/t. cl;m_{coal} 为生产 1 t 熟料消耗的煤炭量,kg/t. cl;α 为标准煤排放因子,kg/kg,取 2.75;A_j 为统计期内,第 j 种替代燃料用量,t;Q_{naj} 为第 j 种替代燃料的加权平均低位发热量,MJ/kg;F_{aj} 为第 j 种替代燃料燃烧的 CO_2 排放因子,kg/MJ;γ_j 为第 j 种替代燃料源于化石燃料中碳的质量分数,%;ε_j 为第 j 种替代燃料源于生物质燃料中碳的质量分数,%。

4.6.2.3 电力间接排放的 CO_2 量(E_3)

$$E_3 = (AD_{ce} + AD_1) \times \beta$$

式中:AD_{ce} 为生产 1 t 熟料的耗电量,(kW·h)/t. cl,根据能效报告,扣除余热发电贡献的电能,单位熟料综合电耗为 19.33 (kW·h)/t. cl;AD_1 为替代燃料装机耗电量,取 5.56 (kW·h)/t. cl;β 为电网的 CO_2 排放系数,根据生态环境部发布的《关于做好 2023—2025 年发电行业企业温室气体的排放报告管理有关工作的通知》，2022 年度全国电网平均排放因子为 0.5703 kg/(kW·h)。

4.6.2.4 协同处理有机固废干化排放的 CO_2 量（E_4）

水泥窑协同处理有机固废来源一般为污泥、生活垃圾。结合阳新市某水泥厂的调研结果，协同处理的有机固废为污泥，据此，计算干化过程 CO_2 的排放量。

从污水处理厂运出的一般为脱水后污泥，含水率较高，一般为 60% 左右，由于污泥水分蒸发能够带走大量热量，增加煤炭使用量，因此不能直接进炉焚烧，脱水污泥需要进行干化才能进一步进行协同处理。目前主要的污泥干化工艺为热干化处理，在此主要对热干化排放 CO_2 进行分析。

污泥热干化过程是一个净碳排放过程，无减排源。污泥热干化系统排放源可以分为直接排放源和间接排放源，直接排放源即污泥热干化过程中释放的 CO_2 等温室气体，间接排放源即污泥热干化过程中产热和产电过程的碳排放量。

污泥热干化处理过程中直接产生并排放的 CO_2 量为 42.6 kg/t，污泥热干化过程中需要消耗热能，热能如果是由化石燃料燃烧提供，则需要通过计算需要的化石燃料数量与化石燃料排放系数来确定这部分热能造成的碳排放量。污泥热干化过程中污泥的输送、通风和除臭都需要消耗电能，电能的产生会消耗化石燃料，造成碳排放。

$$E_4 = (E_{4\text{-}1} + E_{4\text{-}2} + E_{4\text{-}3})/M$$
$$E_{4\text{-}2} = Q_{\text{heat}} \times \lambda$$
$$E_{4\text{-}3} = Q_{\text{ele}} \times \beta$$

式中：E_4 为协同处理时有机固废干化排放的 CO_2 量，kg/t.cl；M 为熟料产量，t.cl；$E_{4\text{-}1}$ 为干化过程中直接的碳排放量，kg；$E_{4\text{-}2}$、$E_{4\text{-}3}$ 为干化工艺过程中间接碳排放量，kg；Q_{heat} 为干化过程中消耗的热能，如表 4-18 所示，MJ；λ 为单位热能的碳排放系数，不同燃料具有不同的碳排放系数，取燃煤碳排放因子，0.313 kg/(kW·h)；Q_{ele} 为干化工艺过程中消耗的电能，kW·h。

表 4-18 常见热干化设备热量消耗与电耗

干 化 设 备	热量消耗/(MJ/kg(蒸发水量))	电耗/((kW·h)/t(蒸发水量))
流化床	3.01	100～200
带式	3.18	50～55
桨叶式	2.88	50～80
卧式转盘式	2.88	50～60
立式圆盘式	2.88	50～60

为方便计算，污泥热干化工艺过程中热量消耗取 3.0 MJ/kg(蒸发水量)，电耗取 80(kW·h)/t(蒸发水量)。

水泥熟料生产线及化石燃料(替代燃料)基本参数如表 4-19 所示。

表 4-19　水泥熟料生产线及化石燃料(替代燃料)基本参数

项　　目			参　　数	备　　注
替代燃料	RDF	喂料量/(t/d)	2094	替代燃料喂料量总和
	PAM 处理污泥			
	RDF	热值/(kJ/kg)	7769	含水率(47.23%)下热值
	PAM 处理污泥		5330	含水率(65.24%)下热值
	RDF	含水率/(%)	47.23	能效报告
	PAM 处理污泥		40	干化后含水率
	燃烧的 CO_2 排放因子		0.1	—
	化石碳的质量分数/(%)		0	—
	生物碳的质量分数/(%)		100	—
能源	标准煤排放因子/(kg/kg)		2.75	依据《水泥窑核算指南》中烟煤测算
	燃煤碳排放因子(kg/(kW·h))		0.313	—
	电力消耗排放因子/(kg/(kW·h))		0.5703	2022 年度全国电网平均排放因子
	单位熟料综合电耗((kW·h)/t.cl)		19.33	扣除余热发电贡献的电能
熟料	熟料中 CaO 的含量/(%)		64.99	能效报告
	熟料中 CaO 的含量/(%)		2.79	能效报告

4.6.3　计算结果

根据物质流与能量流结果,设置四种水泥窑生产模式,通过核算其碳排放,为探究燃料替代技术提供数据支持。水泥窑碳核算场景如表 4-20、图 4-38 所示。

表 4-20　水泥窑碳核算场景

编号	处理模式	协同占比	含水率/(%)
1	常规水泥生产	—	—
2	协同处置生活垃圾(RDF)	—	47.23
3	协同处置(RDF)与 PAM 处理污泥	9∶1	47.23(RDF)、65.24(PAM 处理污泥)
4	协同处置(RDF)与 PAM 处理污泥	9∶1	40(干化后)

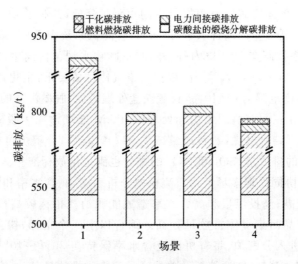

图 4-38　水泥窑碳排放核算

在使用仿真模型核算碳排放之前,进行了模型精度验证,通过能效报告计算的碳排放与模拟出来的结果误差为 5%,据此可认为该模型有较好的可靠性。结果表明,使用生活垃圾、PAM 处理污泥后水泥窑生产过程碳排放取得了减排效果。相较于常规水泥生产,场景 2 碳排放减少了 13.23%,场景 3 碳排放减少了 12.15%,场景 4 碳排放减少了 14.02%。可以得出协同未干化前 PAM 处理污泥作为替代燃料会增加燃料燃烧碳排放,主要是因为污泥含水率高于 RDF,且热值低于 RDF,生产过程煤炭使用量增加。降低 RDF、污泥含水率,虽然会增加干化过程的碳排放,但减少了燃料燃烧过程碳排放,故碳排放也可以得到更好的优化。

4.7　本章小结

本章基于提升水泥窑协同处理系统能效的理念,依据水泥企业的实际生产工艺,利用 Aspen Plus 软件构建水泥窑协同处理工艺仿真模型,分析了不同场景下水泥窑协同处理的物质流与能量流,以探究固废协同烧制的最佳条件,为生产提供参考。主要结论如下:

(1) 利用 Aspen Plus 软件建立水泥窑协同处理工艺仿真模型。按照黄石市某水泥生产地实际生产数据设定相关参数,通过实际数据与模拟数据对比验证了仿真模型的可靠性。悬浮预热器各级模拟温度与实际测量温度的相对误差绝对值小于 5%,温度模拟结果可信度较高;烟气模拟结果中 CO_2、N_2、O_2 各组分体积分数误差绝对值不超过 1.6%,气体组分模拟结果可信度较高。

(2) 二源协同结果表明,掺杂 0～20%PAM 处理污泥协同燃烧效果最佳,提高了熟料产量,保证运行温度,高固定碳含量使燃料孔状结构变差,从而减少了 NO_x

排放,同时原料中的固定碳以及挥发分中的含碳量降低,抑制了 CO_2 的产生,约减少 18.8 kg/t. cl CO_2 排放量。高含水率($>50\%$)会降低系统温度($<850\ ℃$),影响水泥生产,建议含水率控制在 50% 以内;此外,在不影响水泥窑协同生产的前提下,可适当降低投煤量至 $20\sim25$ t/h。另外,根据污染气体排放要求,生化污泥、芬顿处理污泥的最佳协同占比范围为 $0\sim10\%$,石灰铁盐处理污泥、脱墨污泥的最佳协同占比范围为 $0\sim20\%$。在三源有机固废协同处理中,PAM 处理污泥:脱墨污泥:RDF 为 $2:1:7$ 的情况下结果最优,熟料产量减少 847.0 kg/h,分解炉可处于较佳运行温度,不影响 CO_2 的排放量,SO_2 和 NO_x 的排放也满足排放标准。

(3) 水泥窑协同处理多场景物质流模拟分析表明,高含水率和低协同占比造成资源消耗指标较高;高投煤量和高含水率造成能源消耗指标较高;高投煤量和低含水率造成单位产品污染气体排放量较高。综合以上三个指标,掺入 $10\%\sim20\%$ 的 PAM 处理污泥进入分解炉,将有机固废含水率保持在 $30\%\sim40\%$,适当降低投煤量可有效降低资源消耗、能源消耗及单位产品污染物排放量。

(4) 水泥窑协同处理能量流分析表明,掺入 10% 左右 PAM 处理污泥,含水率为 $35\%\sim45\%$,控制分解炉投煤量为 $20\sim25$ t/h,在满足水泥窑稳定运行条件、排放要求的同时,熟料形成热效率提高了 $2.2\%\sim4.7\%$,可降低能源消耗,提升能效。

(5)碳排放模型结果表明,水泥窑协同生产场景下都有良好的碳减排效果,协同固废相对于常规水泥生产碳排放可减少 $12.15\%\sim14.02\%$,主要是因为协同处理下,有机固废作为替代燃料减少了煤炭使用,且 C 元素含量低于煤炭,故减少了碳排放。

综合物质流与能量流分析,水泥窑协同处理中可掺入 10% 左右 PAM 处理污泥,干燥至含水率为 $35\%\sim40\%$,控制分解炉投煤量为 $20\sim25$ t/h,可有效降低单位产品资源消耗量、单位产品能源消耗量及单位产品污染物排放量,使熟料烧成热效率提高 $2.2\%\sim4.7\%$。

参 考 文 献

[1] 赵洁.水泥回转窑系统的建模与控制研究[D].郑州:郑州大学,2015.

[2] 吕东,龚成晨,李健,等.水泥工业协同处置印染废水污泥能耗分析[J].上海节能,2013(11):32-35.

[3] 王靖菲,吕学斌,黄永生,等.水泥窑协同处置城市生活垃圾技术研究进展[J].环境生态学,2023,5(1):99-105.

[4] 柴晓东,考宏涛,郭涛,等.稳定系统条件下预分解窑熟料产量的影响因素[J].材料导报,2013,27(1):152-156.

[5] 刘钏.生物质与煤混烧及其污染物排放特性[D].北京:华北电力大学,2014.

[6] 刘豪,邱建荣,吴昊,等.生物质和煤混合燃烧污染物排放特性研究[J].环境科

学学报,2002,22(4):484-488.

[7]　李云罡,孟辉,孙宇,等.黄铁矿脱除对燃煤挥发分氮和焦炭氮析出的影响规律探讨[J].化学工程与技术,2020,10(3):153-160.

[8]　李春萍,郭瑞.污泥直喷入窑对水泥窑的影响[J].水泥,2020(1):17-20.

[9]　范海宏,吕梦琪,李斌斌.基于能量和质量平衡的污泥对水泥窑的影响[J].硅酸盐通报,2020,39(9):2919-2926.

[10]　卢骏营.入炉污泥含水率对污泥干化焚烧工艺影响研究[J].能源研究与信息,2016,32(2):75-79.

[11]　叶雷,潘小平,嵇磊.水泥窑协同处置二氧化硫排放超标原因及管控[J].水泥工程,2023(3):59-62.

[12]　卓越.城市污水处理厂污泥焚烧 NO_x 产生影响因素研究[D].重庆:重庆大学,2018.

[13]　师留刚,杨中强,夏中清.水泥分解炉环节优化节能控制系统[J].水泥技术,2016(6):45-48.

[14]　侯宇.关于影响煤燃烧固硫反应的主要因素及其机理的研究进展[J].节能,2004(6):27-30.

[15]　赵改菊.水泥生料的固硫行为及硫铝酸盐的形成机理研究[D].武汉:武汉理工大学,2004.

[16]　毛健雄,毛健全,赵树民.煤的清洁燃烧[M].北京:科学出版社,1998.

[17]　李莉.水泥分解炉内氮氧化物释放特性及生成机理研究[D].广州:华南理工大学,2010.

[18]　吴翠华,于晓华,高军政,等.典型水泥窑协同处置废弃物的碳排放核算及碳减排分析[J].环境工程,2023,41(7):30-36,60.

[19]　胡正夏,王飞,桑圣欢.水泥窑利用替代燃料碳减排分析[J].水泥,2022(9):5-7.

[20]　张曌.污泥热解工艺机理与碳排放研究[D].哈尔滨:哈尔滨工业大学,2012.

[21]　刘洪涛,陈同斌,杭世珺,等.不同污泥处理与处置工艺的碳排放分析[J].中国给水排水,2010,26(17):106-108.

第5章 多源有机固废厌氧发酵处理物质流与能量流耦合分析

多源有机固废协同厌氧发酵利于营养物反应平衡、稀释有害物质、增强有机物之间协同以提升厌氧发酵转化效率,是一种成本低和对环境友好的技术,产生的沼气可回收能量。欧洲1/4有机垃圾采用厌氧发酵处理,德国90%农场采用厌氧发酵技术,协同占比随市场机制运作逐年递增,厌氧发酵技术已发展为高甲烷产值的研究主体。随着我国经济的发展和有机固废资源化需求的增长,国内外餐厨类有机固废处理已衍生出厌氧发酵、好氧堆肥、直接烘干作饲料、微生物处理技术、昆虫源蛋白饲料生物转化技术等多种形式。多源有机固废进行搭配处理,受地域性和季节性等因素制约较小,能弥补单一源营养元素不足;难降解有机物与易降解有机物的搭配,能显著提高产气量。然而,多源有机固废协同厌氧发酵实验周期较长,各组分协同作用不够明确,协同伏氧发酵实验中物料选配与实际有机固废选配存在不匹配的问题,工艺中物质与能量变化的过程态监测方式复杂,难以为协同厌氧消化工程项目提供设计参数。为此,利用模拟软件构建协同厌氧发酵工艺仿真模型,预测多源有机固废组成及产量,分析其有机组分特性,对于多源有机固废资源化利用具有重要的理论和实践意义。

厌氧发酵效果通常受系统有机负荷、温度、含固率等参数的影响,配比不佳,有机负荷过高时,会引起产酸速度与甲烷速度失调,出现酸化并抑制甲烷菌活性;其次,适宜温度中水解酶和发酵菌的活性增强,水解率和酸化率会升高,但过高温度会抑制酸化效率;再者,较高含固率意味着能为微生物发酵提供充足的厌氧发酵养分,但高含固率会增加固废的黏度,使得物质与微生物间传质变得困难。因此确定多源有机固废种类的适宜混合比例、温度和含固率,对提高协同厌氧发酵沼气产量至关重要。

厌氧发酵原料中营养物质是不断变化的,只有保证营养物质与微生物发酵中消耗速度一致,才能保证产气效率。低碳环境下,微生物需要从底物摄取碳源代谢,产生较多CO_2代谢产物,同时,过量的氮素会促使反应分解可溶性氮,导致系统"氨中毒"并抑制消化;过量碳源下,微生物营养不足,生长缓慢,发酵时间会延长,同时硫酸盐还原菌有充足有机碳维持代谢,H_2S生成速率会提高。另外,底物中高有机物含量,能提供充足碳源供微生物代谢,代谢放热过程甚至可抵消高温所需要维持的能量,但过高底物浓度会导致微生物失衡,降低能量输出。为此,采用物质流与能量流分析可揭示厌氧发酵运行过程物质、能量转化规律,根据分析可对厌氧发酵运行状况和存在的问题提出资源配置优化方案,实现资源、能源的减量使用和循环利用,减少固废的最终处理量,促进生态保护和资源环境的永续利用。

利用厌氧发酵技术产甲烷可实现负碳排放。针对长江经济带典型大中城市,进行了厌氧发酵工艺建模研究。通过物质流与能量流分析方法,模拟了典型有机固废的协同处理,例如餐厨垃圾、厨余垃圾、污泥、粪便等,对不同协同处理状态下的物质转化和能量流动规律进行了分析,旨在探究多源有机固废协同厌氧处理方式。

5.1　多源有机固废厌氧发酵原料

厌氧发酵物质流与能量流研究所采用的工业源、生活源有机固废源自荆州市、武汉市。工业源有机固废包括污泥,生活源有机固废包括餐厨垃圾、厨余垃圾、粪便。其中餐厨垃圾、厨余垃圾、粪便源自荆州市厌氧发酵厂,污泥源自武汉市污水处理厂。餐厨垃圾、厨余垃圾中有机物含量高,有利于厌氧发酵产沼气,粪便与餐厨垃圾、厨余垃圾同源,且处理量较少,适用于厌氧发酵。

有机固废组成复杂,主要含有糖、蛋白质、脂质等大分子成分,可以通过厌氧发酵转化生成生物沼气、醇、氨基酸、羟基酸、脂肪酸等产物。有机固废中糖、蛋白质、脂质含量是影响甲烷产率的重要因素。

基于所在地区固废特性情况,收集了餐厨垃圾、厨余垃圾、粪便、污泥进行分析。固废种类及组分数据如表 5-1 所示。餐厨垃圾、厨余垃圾有机物含量相较于污泥、粪便高,有利于沼气产生;餐厨垃圾主要由油脂、糖组成,厨余垃圾主要由糖组成,污泥中蛋白质含量较高,能提供充足的氮元素和其他营养元素(磷和硫等),粪便中存在占比较高的难降解纤维素,需要与其他原料合理配比才可达到固废资源化的目的。

表 5-1　原料基本理化指标

固 废 种 类	含水率 /(%)	淀粉含量 /(%)	总蛋白质含量 /(%)	油脂含量 /(%)	纤维素含量 /(%)	其他 /(%)
餐厨垃圾	85	19.82	2.56	58.41	9.26	9.96
污泥	80	26.00	31.40	2.60	—	40.00
粪便	80	0.82	0.11	4.46	36.05	58.56
厨余垃圾	87	65.00	15.10	16.50	—	3.40

5.2　多源有机固废厌氧发酵处理物质流与能量流分析方法

5.2.1　厌氧发酵处理工艺概述

厌氧发酵处理采用"四阶段"理论,厌氧发酵四阶段工艺流程如图 5-1 所示。该理论认为参与厌氧发酵的除水解发酵菌、产氢产乙酸菌、产甲烷菌外,还有一个同型产乙酸种群,这类菌可将中间代谢物的 H_2 和 CO_2 转化为乙酸。由于不同微生物的生理代谢类型不同,复杂有机物厌氧发酵过程大致包括四个阶段:水解阶段、产酸阶段、产氢产乙酸阶段和产甲烷阶段。

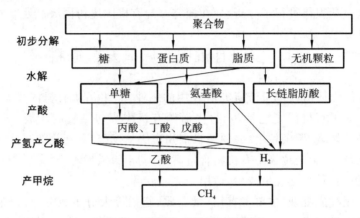

图 5-1　厌氧发酵处理工艺流程

5.2.2　厌氧发酵处理工艺仿真模型建立

5.2.1.1　建模原理

厌氧发酵建模采用"四阶段"理论,水解过程中参与的菌群有水解发酵菌、产乙酸菌、产氢产乙酸菌、产甲烷菌,不同微生物生理代谢类型不同,因而复杂有机物厌氧发酵过程大致包括四个阶段:水解阶段、产酸阶段、产氢产乙酸阶段和产甲烷阶段。基于厌氧发酵"四阶段"理论,可在此基础上利用 Aspen Plus 进行建模。

该仿真模型假设整个反应发生在反应器的液相,也存在主要由挥发性成分组成的气相。气相的主要组成部分是甲烷和二氧化碳,液相的甲烷和二氧化碳浓度很低。通过 Aspen Plus 仿真模型计算了相变、相性质、相组分含量和相平衡(气液)。此外,通过软件中的物料以及能量流股代表生产过程中的物质流与能量流,再通过设置对应物性方法及参数进行仿真模型求解分析。由于实际厌氧发酵过程十分复杂,存在生物过程,需要对建立的仿真模型进行一定的简化与假设。

水解是厌氧发酵中的限速步骤之一,为此添加了单独的反应组。仿真模型流程简化为水解模块以及反应动力学模块。其中水解模块通过化学计量数的转化反应器设定水解反应程度;反应动力学模块包括产酸阶段、产氢产乙酸阶段和产甲烷阶段。为了保证仿真模型的合理性,进行下列假设:

(1) 假定抑制常数随温度的变化为线性变化。

(2) 仅在 40 ℃下可用数据的抑制常数不随温度变化。

(3) 氨基酸降解动力学对于所有反应都是相同的。

(4) 模拟反应过程中没有压力和泵的能量损失。

5.2.1.2　仿真模型方法及模块选择

为了建立模拟流程图,选择了 Aspen Plus 中 Model Palette 的 Mixer 物质流混合器、RStoic 反应器、RCSTR 反应器仿真模型。

1. 混合器

Aspen Plus 系统提供三种主要流量,即物质流、功率流和热流,用于将多股流股混合,可以连接多股输入流股,但只有一股输出流股。混合过程实际上是一个简单的物料平衡过程,在这个物料平衡过程中,任何一定数量的混合物质流股一次性被系统混合成一个,输入的物质流不能同时被系统混合成为物质流、热流、功率流。因此,系统混合器设计分别需要两个混合器的参数指令:出口流量的有效相态、压力或过程的压降。模拟的混合过程可看作自然混合。

Aspen Plus 中 Model Palette 的 Mixer 物质流混合器可把多股物质流汇合成一股物质流,选择 Mixer 物质流混合器模拟厌氧发酵进料端物料混合情况。

2. RStoic 反应器

Aspen Plus 中 Model Palette 的 RStoic 反应器是已知化学计量数的转化反应器。RStoic 反应器适用于不清楚化学平衡数据和动力学数据的场景,可以规定或计算在参考温度和压力下的反应热。

在对厌氧发酵建立模型时,使用 RStoic 反应器模拟水解反应过程。水解(酶)将糖、蛋白质和脂质分别转化为单糖、氨基酸和长链脂肪酸,转化后的单糖、氨基酸、长链脂肪酸通过微生物反应进一步降解,生成更小的有机物分子,最后生成甲烷和二氧化碳。

3. RCSTR 反应器

Aspen Plus 中 Model Palette 的 RCSTR 反应器(连续流搅拌反应釜)是实际沼气厂中使用的反应器,具有釜内理想混合和用户可定义停留时间的优势,可模拟单相、两相、三相的反应体系,同时处理动力学控制和平衡控制两类反应。根据水解和动力学反应表中化学反应式、动力学方程和平衡关系,计算所需的反应器体积和反应时间,以及反应器热负荷,为实际厌氧发酵中使用的反应器提供参考数据。

基于 ADM1 仿真模型厌氧发酵过程中 pH 浓度和抑氨方程的定义,pH 由原料的组成和产生的挥发性有机酸(VFAs)决定,而氨的电离程度受 pH 控制。产甲烷步骤的抑制导致乙酸的积累和产乙酸步骤的抑制,从而导致丙酸、丁酸和戊酸的积累。VFAs 的积累抑制了水解步骤,也降低了 pH,从而导致游离氨水平降低。

在产酸反应、产氢产乙酸反应和产甲烷反应阶段中设置计算器模块,每个计算器模块配置的 FORTRAN 程序可计算每个反应中释放的产物。计算器模块会分配不同的变量,例如流量、温度、动力学参数等,为每个计算器模块导入反应物的数量和化学反应速率。动力学常数从文献中获得,用来计算 RStoic 反应器中产酸反应、产氢产乙酸反应和产甲烷反应的化学反应速率,其中包括微生物的具体生长速率,以及氨的抑制作用。pH 是根据每个 VFAs 的计算器模块内的化学平衡常数计算得到的。

4. 闪蒸模块

Aspen Plus 给出的 RCSTR 仿真模型有一个源流和一个产品流。但是在实际工厂中,消化池有两个主要产品流,一个用于液相(包含所有剩余物,包括沼液和沼渣);另一个用于气相,用于收集沼气,因此实际发酵池充当带有闪速分离器的耦合,为了在 Aspen Plus 流程图中实现这一点,在 RCSTR 流出端添加了 Flash2(两相闪蒸器)模块模拟气液分离。

多源有机固废厌氧发酵仿真模型如图 5-2 所示。

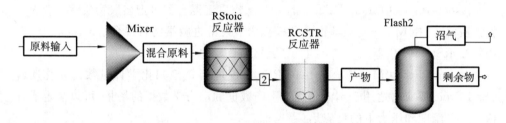

图 5-2　多源有机固废厌氧发酵仿真模型

5.2.1.3　物性方法及仿真模型参数选择

NRTL 方法可描述部分互溶体系的液液平衡,适用于水、乙酸、醇类、酯类的分离,根据物系特点和温度、压力条件(厌氧发酵系统中主要以有机物形式存在),在建模中选用了方法过滤器 COMMON 中的 NRTL 方程。NRTL 方程是以局部组成概念为基础的热力学方程,它考虑了不同化合物的物质的量分数和活度系数,有利于模拟厌氧发酵过程中的液相和气相。

5.2.3　仿真模型参数设定

根据厌氧发酵企业的调研及对厌氧发酵原料、运行工况数据的收集,对餐厨垃圾、污泥、粪便、厨余垃圾进行组分分析,并将所测数据输入仿真模型中。

仿真模型的流程参数设置如下:原料进料速度为 1 t/h;水解模块设置为 40 ℃;产酸反应、产氢产乙酸反应和产甲烷反应模块温度设置为 40 ℃;系统含固率为 6%;流股中的压力均设置为 1.013×10^5 Pa。

5.2.4　仿真模型验证

为了验证仿真模型的可信度,将真实的实验数据代入仿真模型中进行验证。餐厨垃圾、粪便、污泥厌氧发酵仿真模型模拟结果如表 5-2 所示。

表 5-2　仿真模型模拟结果

固废种类	协同占比/(%)	沼气产量		
		模拟值/(m³/t)	实际值/(m³/t)	误差/(%)
餐厨垃圾	100	89.50	80～100	—
粪便	100	17.82	20	10.9
污泥	100	40.04	42～45	4.7～11.0

由表 5-2 可知,餐厨垃圾厌氧发酵模拟值为 89.50 m³/t,在实际范围内。粪便厌氧发酵模拟值为 17.82 m³/t,污泥厌氧发酵模拟值为 40.04 m³/t,模拟误差均在 10%左右,可据此认为仿真模型具有可靠性。

5.3　厌氧发酵处理影响因素分析

5.3.1　协同占比的影响

目前,石油、煤炭等传统化石能源日益枯竭。采用厌氧发酵技术处理有机固废,如餐厨垃圾、厨余垃圾、粪便、污泥等,可以同时实现固废垃圾减量化和能源回收利用。

基于荆州市某厌氧发酵厂实际工况调研,运行参数(如温度、pH、水力停留时间、含固率)、产沼气性能、系统稳定性是厌氧发酵的关键指标。结合固废资源化目标,厌氧发酵协同处理有机固废模拟分析主要从沼气产量出发,探究餐厨垃圾、厨余垃圾、粪便、污泥厌氧发酵协同处理效应,挖掘高有机物含量固废潜在利用价值,以实现长江经济带有机固废高附加值转化及利用。

将收集到的四种固废分别进行二源协同,占比为 0～100%,并以 20%为步长递增,沼气产量随协同占比变化结果如图 5-3 所示。

由图 5-3 可知,单一源厌氧发酵时,沼气产量有以下规律:餐厨垃圾＞厨余垃圾＞污泥＞粪便。这是因为有机固废的理化性质会影响沼气产量。由表 5-1 原料基本理化指标可知,有机物含量有以下规律:厨余垃圾＞餐厨垃圾＞污泥＞粪便。研究表明,在一定底物浓度下,原料有机物含量越高,系统有机负荷越大,沼气产量越高。因而厨余垃圾厌氧发酵沼气产量大于污泥,污泥厌氧发酵沼气产量大于粪便。厨余垃圾有机物含量略高于餐厨垃圾,但沼气产量低于餐厨垃圾,这与何品晶等人在餐厨垃圾和厨余垃圾厌氧发酵研究中的结果相似。尽管初始反应的总输入量相同,以餐厨垃圾为原料的累计沼气产量始终大于厨余垃圾。餐厨垃圾有机物中油脂比例远远高于厨余垃圾,相比于糖和蛋白质,油脂的厌氧发酵可以产生更多沼气,25∶1～30∶1 区间的碳氮比(C/N)最适合进行混合原料厌氧发酵。餐厨垃圾发酵 C/N 的值为 30,厨余垃圾 C/N 的值小于 25,故餐厨垃圾产沼气潜力高于厨余垃圾。因此餐厨垃圾协同其他有机固废进行厌氧发酵时,沼气产量会随着其他有机固废协同占比的增加而降低。

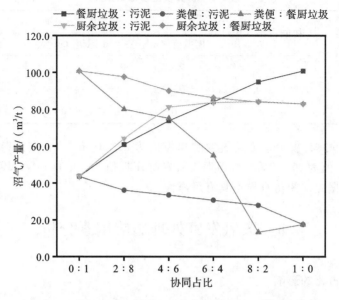

扫码看彩图

图 5-3　二源固废厌氧发酵沼气产量随协同占比变化曲线图

　　从沼气产量变化趋势看,餐厨垃圾与厨余垃圾、餐厨垃圾与污泥、污泥与粪便协同厌氧发酵沼气产量变化趋势近似线性关系。餐厨垃圾与粪便协同厌氧发酵在粪便占比为40％时,沼气产量下降趋势较大。这是因为随着粪便占比的增加,系统有机负荷不足,导致富集厌氧微生物能力降低,从而使沼气产量降低。厨余垃圾与污泥协同厌氧发酵在厨余垃圾占比为40％时,沼气产量增加趋势放缓。这与赵婉情等人在有机负荷对餐厨垃圾厌氧发酵性能影响的研究中的结果类似。厨余垃圾含量越高,系统有机负荷越高,沼气产量越多,但沼气产量差距减小。此外,随着厨余垃圾占比增加,厨余垃圾在厌氧发酵中占主要地位,故沼气产量与单一源厨余垃圾厌氧发酵相当。

　　基于二源固废协同厌氧发酵沼气产量分析,选出协同效果较好的有机固废种类及协同占比,进一步进行三源固废厌氧发酵模拟,探究多源协同下,协同占比对沼气产量的影响。具体有机固废种类及协同占比如表 5-3 所示。

表 5-3　有机固废种类及协同占比

序　号	项　目	协 同 占 比
0	餐厨垃圾：有机固废 A：有机固废 B	1：0：0
1	餐厨垃圾：粪便：污泥	8：1：1
2	餐厨垃圾：厨余垃圾：粪便	8：1：1
3	餐厨垃圾：厨余垃圾：污泥	8：1：1
4	餐厨垃圾：粪便：污泥	80：15：5

续表

序　号	项　目	协 同 占 比
5	餐厨垃圾：厨余垃圾：粪便	80：15：5
6	餐厨垃圾：厨余垃圾：污泥	80：15：5
7	餐厨垃圾：粪便：污泥	90：5：5
8	餐厨垃圾：厨余垃圾：粪便	90：5：5
9	餐厨垃圾：厨余垃圾：污泥	90：5：5

　　沼气产量以及沼气中甲烷占比随协同占比变化的结果如图 5-4 所示。沼气产量变化不明显,数值集中在 85～105 m³/t,但沼气中甲烷占比随着餐厨垃圾占比的增大,有较明显的提高。在餐厨垃圾占比相同的情况下,沼气中甲烷占比随着有机负荷提高而提高。有机负荷高说明系统碳源充足,碳源有利于产甲烷菌大量繁殖,故沼气中甲烷含量提高。

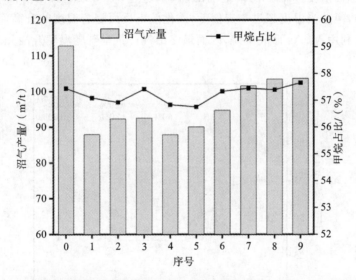

图 5-4　三源固废厌氧发酵沼气产量以及沼气中甲烷占比随协同占比变化曲线图

　　综合二源协同及三源协同模拟分析,餐厨垃圾、厨余垃圾的协同厌氧发酵效果均比传统污泥厌氧发酵效果好。根据有机固废来料情况,可适当调整协同占比。餐厨垃圾与粪便协同厌氧发酵时,粪便占比最好不超过 40%。餐厨垃圾与粪便、餐厨垃圾与厨余垃圾协同厌氧发酵时,占比可灵活调配。厨余垃圾与污泥协同厌氧发酵时,在厨余垃圾产量不高的情况下,可多掺入污泥进行协同,但污泥占比最好不超过 60%。

5.3.2　厌氧发酵温度的影响

　　厌氧发酵本身是一个微生物反应的过程,温度对反应过程中产气量和产生的气体的组分有显著的影响。根据前一节的分析,随着原料有机物占比增加,沼气产量增加,餐厨垃圾厌氧发酵效果最好,故选择餐厨垃圾掺入传统污泥厌氧发酵系统中。选择餐厨垃圾占比为 0、20%、40%、60%、80%、100%,温度变化范围则根据实际调研情况选取 35~55 ℃,涵盖中温(35~40 ℃)厌氧发酵、高温(>50 ℃)厌氧发酵,增长步长为 5 ℃,进行厌氧发酵温度对工艺的影响研究,探究不同协同占比下,温度对餐厨垃圾厌氧发酵产气组分、沼气产量的影响。

温度对于餐厨垃圾不同协同占比下沼气产量的影响如图 5-5 所示,在 35~45 ℃条件下,沼气产量随着温度增加而减少,随着餐厨垃圾协同占比增加而增加,45~55 ℃时,沼气产量随着温度以及餐厨垃圾协同占比增加而增加。这是由于厌氧发酵的发酵菌群大多适合在中温环境下生存,发酵温度过高或过低都会影响其生命活动。研究表明,厌氧发酵过程中,温度为 25~37 ℃时,水解酶和发酵菌的活性逐渐增强,因此水解率和酸化率会增大,经过糖、蛋白质、油脂的水解,产物脂肪酸浓度提高的同时,总糖浓度降低。在一定范围内(不超过 37 ℃),随着温度的增长,VFAs 的产生增加,但是当温度超过一定值后,酸化效率反而随着温度的升高而降低,而产甲烷菌主要利用 VFAs 形成甲烷,因而最终沼气产量呈现随温度升高先减少后增加的趋势。

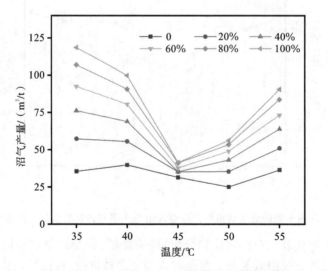

扫码看彩图

图 5-5　餐厨垃圾不同协同占比下沼气产量随温度变化曲线图

厌氧发酵温度设置为 35 ℃时,沼气产量最高。这与何曼妮等人探究不同温度下餐厨垃圾产物甲烷化的研究结果相似。中温厌氧发酵最适温度为 35 ℃,高温厌氧发酵最适温度为 55 ℃。这是由于在 35 ℃左右中温厌氧发酵菌生物活性较高,而在 55 ℃左右,嗜热发酵菌比较活跃,在实际工程应用中也常将厌氧发酵反应温度控制在这两个温度左右。

不同协同占比下温度对沼气组成的影响如图 5-6 所示。在同一协同占比下,随着温度升高,CH₄、其他气体(H₂S 等)含量升高,CO₂ 含量降低。在同一厌氧发酵温度下,随着餐厨垃圾协同占比的增加,CH₄ 含量升高,CO₂ 含量降低,其他气体含量波动不大。这主要是因为温度越高,有机物分解越快,餐厨垃圾协同占比越高,有机物含量越高,碳源充足的情况下,CH₄ 含量越高。CO₂ 含量与甲烷含量相反,温度越高,其含量越低,说明温度高时微生物能够促进 CO₂ 甲烷化。温度从 35 ℃提升至40 ℃,在餐厨垃圾协同占比为 40%、60%、80%、100%的情况下,甲烷增产率分别为1.17%、2.67%、4.20%、6.47%;温度从 40 ℃提升至 55 ℃,甲烷增产率分别为−0.27%、0.32%、1.83%、2.45%。在同等输入量的情况下,温度高的反应组甲烷产量增长明显受到抑制。这是由于温度不同时厌氧微生物菌群代谢产物各异,高温代谢产生杂质气体较多,一方面阻碍了发酵反应的正向进行;另一方面高温下蛋白质分解产生氨气等副产物,氨气等在一定程度上对厌氧微生物有毒害作用,抑制了厌氧微生物代谢生长和甲烷的产生。

扫码看彩图

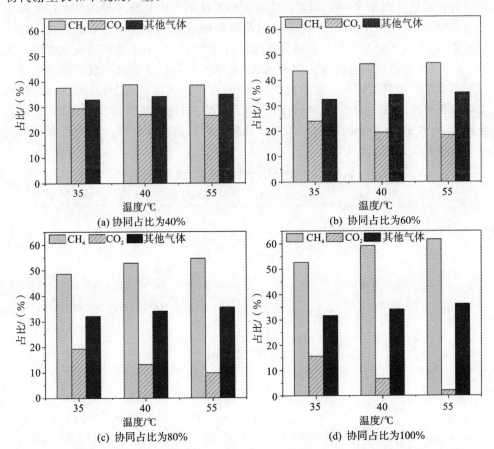

图 5-6　不同协同占比下厌氧发酵温度对沼气气体组成的影响

　　不同协同占比下厌氧发酵温度对沼气气体组成的影响如图5-6所示。随着餐厨垃圾协同占比的增加，CH_4含量升高，CO_2含量降低，其他气体含量变化不明显。这是因为有机负荷浓度的提高，有利于提高有机物分解率，从而使CH_4含量提高。在同一协同占比下，随着温度的升高，CH_4、其他气体含量升高，CO_2含量降低。这与李谟军等人在分析温度对厌氧发酵过程的影响结果相似。这主要是因为温度的提高会促进CO_2甲烷化，故CO_2含量低、CH_4含量高。温度越高，有机物分解速率越快，产酸越多。产酸的速率提高使系统pH快速降低，导致系统稳定性降低，故有机物甲烷化程度降低，其他气体含量升高。

　　根据厌氧发酵温度对协同厌氧发酵产沼气的结果可知，厌氧发酵温度维持在35～40 ℃、55 ℃左右产沼气效果较佳。

5.3.3　含固率的影响

　　传统厌氧发酵常用市政污泥作为原料，在厌氧发酵条件下，通过微生物降解污泥中的有机物并产生VFAs，再通过厌氧发酵系统中产甲烷菌产生沼气。在实际生产过程中，1 t污泥（含水率为80%）通过厌氧发酵可产生45 m^3左右的沼气。在一定范围内，沼气产量会随着有机物含量增加而增加，因此，为了提高厌氧发酵的产气率，可通过增加系统的有机物含量而实现。5.3.1中分析了有机固废不同协同占比对厌氧发酵产沼气的影响。由模拟结果可知，在污泥厌氧系统中协同餐厨垃圾、厨余垃圾都可增加沼气的产量。以提高50%产气率为目标，即以80 m^3/t沼气产量为基准线，可找到12组不同协同占比下有机固废厌氧发酵实验组。实验组有机固废种类及协同占比如表5-4所示。

表5-4　有机固废种类及协同占比

项　　目	协同占比	命　　名
餐厨垃圾∶污泥	6∶4	CC-W-3-2
	8∶2	CC-W-4-1
	1∶0	CC-1
粪便∶餐厨垃圾	2∶8	F-CC-1-4
	4∶6	CY-W-2-3
厨余垃圾∶污泥	6∶4	CY-W-3-2
	8∶2	CY-W-4-1
	1∶0	CY-1
	2∶8	CY-CC-1-4
厨余垃圾∶餐厨垃圾	4∶6	CY-CC-2-3
	6∶4	CY-CC-3-2
	8∶2	CY-CC-4-1

　　在一定范围内提高含固率有助于提高甲烷总产率,但较高的含固率会影响微生物代谢活性,降低反应速率,延长发酵周期,因而找到最佳含固率对厌氧发酵系统也非常重要。根据以上实验组,模拟分析不同含固率(4%、6%、8%)对厌氧发酵的影响。

　　不同协同占比下含固率对沼气产量的影响如图 5-7 所示。餐厨垃圾与污泥、餐厨垃圾与厨余垃圾分别协同厌氧发酵时,协同占比相同时,沼气产量随着含固率的增加先增加后减少。酸化和甲烷化的平衡对提高沼气产量是非常重要的,厌氧发酵系统含固率对酸化、甲烷化有一定影响。含固率升高可减少固体颗粒沉降在反应器底部的量,避免造成厌氧发酵反应不完全的情况;含固率过高使沼气减少是由于有机负荷会增大发酵液黏度,阻碍气-固-液传质过程,同时使 VFAs(如丁酸、丙酸等)积累和 pH 降低,从而影响高效微生物菌群的活性,特别是产甲烷菌,当挥发酸浓度出现积累时,产气量也开始下降。

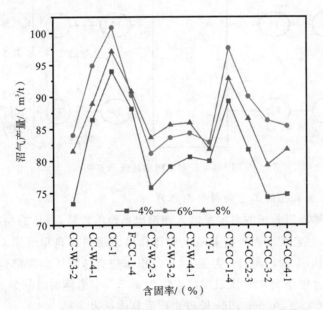

扫码看彩图

图 5-7　不同二源协同占比下沼气产量随含固率变化曲线图

　　粪便与餐厨垃圾、厨余垃圾与污泥协同厌氧发酵时,协同占比相同情况下,沼气产量随着含固率的增加而增加。这是由于含固率增加使系统有机负荷升高,从而使原料碳源增加,故沼气产量增加。

　　根据含固率对协同厌氧发酵产沼气的影响结果可知,餐厨垃圾与污泥、餐厨垃圾与厨余垃圾协同厌氧发酵时,含固率维持在 6%~8%,产沼气效果较好;粪便与餐厨垃圾、厨余垃圾与污泥协同厌氧发酵时,可适当提高系统含固率,使之维持在 8% 左右,相较于 6% 的含固率,可提高 7.5%~13.3% 的沼气产量。

5.4　厌氧发酵处理物质流分析

5.4.1　厌氧发酵处理现状物质流分析

5.4.1.1　厌氧发酵工艺物质流示意图

为了评价厌氧发酵过程中物质分布及转化状况,对厌氧发酵宏观过程进行简化。图 5-8 仅考虑厌氧发酵过程。系统空间边界有四条物质流,系统时间边界为一个发酵周期。出入系统的有四种物质:有机固废、调节物(包括氨气、水)作为系统的输入流(import flow),简写为 I,生物燃气(包括甲烷、二氧化碳、其他气体)、发酵剩余物(包括沼液和沼渣)作为系统的输出流(export flow),简写为 E。

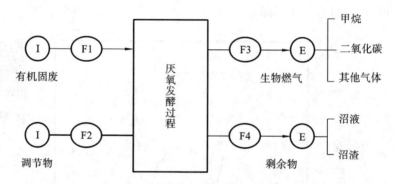

图 5-8　厌氧发酵物质流示意图

5.4.1.2　厌氧发酵工艺物料平衡账户

厌氧发酵物质流分析的对象是输入和输出系统的物质,分析的层次包含宏观层面和微观层面,在宏观层面分析基础上可计算出微观层面典型元素 C、N、S 的迁移特点。图 5-8 中 F1 为污泥,F2 为氨气、水。根据现有传统厌氧发酵运行情况,设置厌氧发酵罐中含固率为 6%,厌氧发酵温度为 40 ℃,水力停留时间为 35 天。输入物质总量设为 1000 kg,Aspen Plus 模拟物质流具体见表 5-5。

表 5-5　厌氧发酵物质流平衡账户

			宏观物质分析		微观物质分析				
		物质	量 /kg	w_C /(%)	w_N /(%)	w_S /(%)	C /kg	N /kg	S /kg
进入系统	调节物	水	939.00	0.00	0.00	0.00	0.00	0.00	0.00
		氨气	1.00	0.00	5.88	0.00	0.00	0.06	0.00
	有机固废	污泥	60.00	24.37	7.27	2.38	14.62	4.36	1.43

续表

宏观物质分析			微观物质分析					
物质		量/kg	w_C/(%)	w_N/(%)	w_S/(%)	C/kg	N/kg	S/kg
离开系统	生物燃气 甲烷	5.98	75.00	0.00	0.00	4.49	0.00	0.00
	二氧化碳	6.81	27.27	0.00	0.00	1.86	0.00	0.00
	其他气体	1.06	0.00	5.00	16.80	0.00	0.05	0.18
	发酵剩余物 沼液、沼渣	986.15	—	—	—	8.28	4.37	1.25

物质流分析结果显示：①原料中约 23.08% 的污泥降解转化为沼气,其中甲烷含量为 43.13%；②原料中 C 元素有 30.71% 流入甲烷中,12.72% 流入二氧化碳中,56.63% 流入沼液、沼渣中；③原料中 N 元素有 98.87% 流入沼液、沼渣中；④原料中 S 元素有 12.59% 流入其他气体中,例如 H_2S 气体,其余 87.41% 流入沼液、沼渣中。可见,污泥厌氧发酵沼气产量比较低,大部分有机物流入沼液、沼渣中,合理管理和利用沼液、沼渣资源非常重要,可避免有害物质输出污染环境。此外,应寻找能提高系统沼气产量的有机固废占比,在提高有机固废资源利用率的基础上,实现更高的系统产能。

5.4.1.3　厌氧发酵工艺物质流评价

综合厌氧发酵工艺企业生产过程中物质流特征分析,在通用的物质流分析指标体系下,选取客观且能够真实衡量厌氧发酵过程物质利用情况的指标进行评价分析。

结合实际生产过程,选择资源指标原材料单耗量、环境指标中污染气体(包括 CO_2、H_2S)排放量作为物质流分析指标。

一般而言,生产过程中单位产品对于各类资源的消耗能够在一定程度上体现企业或工厂的生产技术以及管理水平。在同一条件下,生产单位产品消耗的资源越多,则对环境的影响就越大,可通过计算原材料单耗量明确厌氧发酵工艺的资源消耗情况,以此对企业进行考察。

原材料单耗量即在生产过程中生产单位产品需要消耗的原材料数量。计算公式如下：

$$\gamma = \frac{\sum_{i=1}^{n} R_i}{P}$$

式中：γ 为原材料单耗量,kg/kg；P 为生产产品量,kg；R_i 为生产所需输入的第 i 类原材料量,kg。

沼气作为一种新式动力,其运用越来越广泛,运用沼气动力时,沼气气体中 H_2S

含量不得超过 20 mg/m³。不管在工业气体还是民用气体中,都有必要尽可能地除掉 H_2S。通过中温或高温厌氧发酵产生的沼气通常带有 H_2S。而沼气中还会带出水蒸气,水与沼气中的 H_2S 一起作用,会加快金属管道、阀门和流量计的腐蚀和阻塞。另外,H_2S 焚烧后生成的 SO_2,与焚烧产品中的水蒸气形成亚硫酸,可使设备的金属表面发生腐蚀,而且还会造成对环境的污染,影响人体健康。我国政府在"十四五"规划中提出了生态文明建设和"碳达峰、碳中和"的双重目标,二氧化碳气体也是生产过程中的重点关注对象。在固废资源化过程中,通过污染物排放量可评价生产过程是否达标,找出最佳的协同生产运行工况。

根据上述公式对厌氧发酵过程进行计算,计算结果如图 5-9 所示。在现行情况下系统生产单位产品所需消耗的原材料量较大,为 4.34 kg/kg,CO_2 排放量为6.81 kg/kg,H_2S 排放量为 0.18 kg/kg。对系统进行多场景分析,结果应以现行工艺三个物质流分析指标作为参照,在协同处理有机固废的基础上,找到低原材料单耗量、低污染气体排放量的情况。

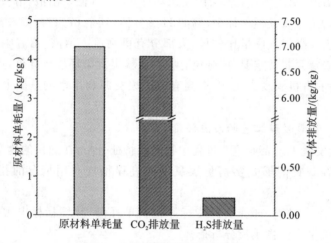

图 5-9　厌氧发酵过程经济状况图

5.4.2　多场景模拟协同厌氧发酵处理物质流分析

5.4.2.1　参数设定

在传统厌氧发酵中掺入餐厨垃圾、厨余垃圾、粪便进行协同厌氧发酵,通过 Aspen Plus 模拟发现,有机固废协同占比、温度、含固率对沼气产量、沼气组成都有影响,通过设置不同协同占比、温度以及含固率的不同场景,来对比分析厌氧发酵系统的原材料单耗量以及环境效益。由前一节内容可知,餐厨垃圾协同厨余垃圾、污泥作为协同原料,协同程度分三种模式:80% 餐厨垃圾、20% 污泥;100% 餐厨垃圾;80% 餐厨垃圾、20% 厨余垃圾。在设置协同占比时,总流量不变,为 1 t/h,改变协同占比仅改变其中的进料量。系统含固率及厌氧发酵温度设置为低(6%、35 ℃)、中(7%、37.5 ℃)、高(8%、40 ℃)三种,现行场景原料为 100% 污泥、系统含固率为 6%、厌氧发酵温度为 40 ℃。

5.4.2.2　场景设置

根据上述参数选择的不同,设置三大类共 10 种场景,其中每一种场景都代表一种可能的降低原材料单耗量、污染气体排放量的路径。物质流多场景分析中设置了 3 个变量,分别是有机固废协同占比、含固率以及厌氧发酵温度,每个变量有 3 个不同水平,通过三因素三水平设置正交实验表,共 9 个场景。现行场景指经调研后得到的传统厌氧发酵工艺实际运行场景。具体场景设置如表 5-6 所示。

表 5-6　热解系统多场景设置

编　号	场景代码	温度/℃	含固率/(%)	协同占比
1	111	35	6	80%餐厨垃圾、20%污泥
2	123	35	7	100%餐厨垃圾
3	132	35	8	80%餐厨垃圾、20%厨余垃圾
4	213	37.5	6	100%餐厨垃圾
5	222	37.5	7	80%餐厨垃圾、20%厨余垃圾
6	231	37.5	8	80%餐厨垃圾、20%污泥
7	312	40	6	80%餐厨垃圾、20%厨余垃圾
8	321	40	7	80%餐厨垃圾、20%污泥
9	333	40	8	100%餐厨垃圾
现行场景	—	40	6	100%污泥

5.4.2.3　协同效果分析

不同场景原材料单耗量变化如图 5-10 所示。现行状况资源消耗为 4.34 kg 原料/kg 沼气。所有模拟场景下原材料单耗量都比现行场景低,说明协同餐厨垃圾、厨余垃圾进行厌氧发酵有利于系统生产沼气。当温度处于 35 ℃时,随着含固率的增高,原材料单耗量先降低后略增加,即产气量先增加后降低。即系统含固率为 7%时,产沼气量最高。当温度为 37.5 ℃、40 ℃时,原材料单耗量随着系统含固率的增加而增加,即产气量随含固率增加而降低。这是因为含固率的增加,使得系统有机负荷增多,系统碳源增加,而这有利于沼气的产生,但较高的含固率会影响微生物代谢活性,降低反应速率,延长发酵周期。而不同的厌氧发酵温度下,系统有机负荷阈值也不同。由此可知,厌氧发酵温度为 35 ℃时,系统有机负荷最佳值在 7%左右;厌氧发酵温度为 37.5 ℃、40 ℃时,系统有机负荷最佳值为 6%左右。

不同场景下沼气中甲烷占比如图 5-11 所示。甲烷含量越高,代表沼气质量越高,也侧面反映出二氧化碳含量越少。研究表明,厌氧发酵适宜 C/N 的值为 25～30,模拟数据中当 C/N 的值为 30 时,甲烷占比较高,与研究结果吻合。场景 312、321、333 甲烷占比均大于 80%,可能是由于温度高于其他场景,促进了甲烷化过程。

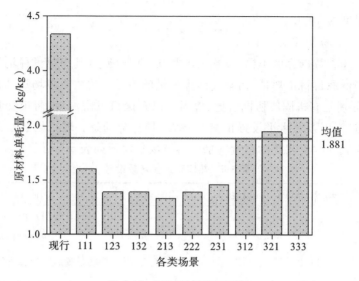

图 5-10 不同场景资源消耗

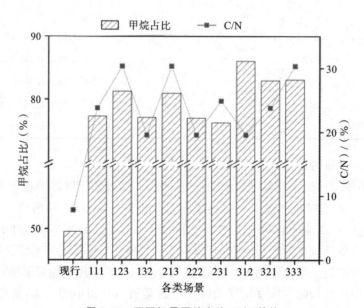

图 5-11 不同场景甲烷占比、C/N 的值

结合图 5-10、图 5-11,厌氧发酵温度为 40 ℃时,原材料单耗量略高于温度为 35 ℃、37.5 ℃的场景,但相较于现行场景,降低了 52.1%~56.7%的原材料单耗量,且产生的沼气中甲烷占比高,沼气质量更佳,同时降低了二氧化碳的排放。上述结果表明,厌氧发酵产沼气的能力与系统的 C/N 的值有较大联系,但也受温度、含固率的影响,建议 C/N 的值控制在 30 左右。

不同场景 CO_2 排放量如图 5-12 所示,现行场景 CO_2 排放量为 6.81 kg。由图可知,含固率对 CO_2 排放量影响最大,CO_2 排放量随着系统含固率的增加而增加,

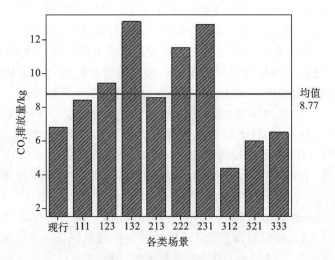

图 5-12　不同场景 CO_2 排放量

主要是由于含固率的增加,系统碳源增加,当温度为 35 ℃、37.5 ℃时,均比现行场景下 CO_2 排放量高。当温度为 40 ℃时,均比现行场景下 CO_2 排放量低;适当升高温度,产甲烷菌能促进 CO_2 甲烷化,故 CO_2 排放量降低。当含固率为 6%,进料为 80%餐厨垃圾、20%厨余垃圾时,相较于现行场景,CO_2 排放量降低了 35.83%;当含固率为 7%,进料为 80%餐厨垃圾、20%污泥时,相较于现行场景,CO_2 排放量降低了 12.19%;当含固率为 8%,进料为 100%餐厨垃圾时,相较于现行场景,CO_2 排放量降低了 4.41%,说明协同固废处理具有良好的碳减排效益。

　　H_2S 排放量随场景变化如图 5-13 所示。厌氧系统中餐厨垃圾掺入污泥或者厨余垃圾,H_2S 排放量波动不明显。其中场景 123、213、333,H_2S 排放量较低,这是由

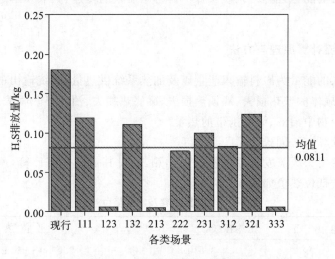

图 5-13　不同场景 H_2S 排放量

于三个场景进料均为 100％餐厨垃圾。根据对固废样品的检测,餐厨垃圾油脂含量超过 50％,糖含量为 30％左右,其他组成中 S 含量较低,因而形成的 H_2S 烟气较少。

总体而言,通过对传统厌氧发酵工艺以及设置的多场景进行物质流分析对比可知,单一餐厨垃圾厌氧发酵效果优于餐厨垃圾协同厨余垃圾厌氧发酵效果,餐厨垃圾协同厨余垃圾厌氧发酵效果优于餐厨垃圾协同污泥厌氧发酵效果。

在温度为 40 ℃,含固率为 6％,进料为 80％餐厨垃圾、20％厨余垃圾场景下,原材料单耗量、CO_2 排放量、H_2S 排放量均优于现行场景,相较于现行场景,原材料单耗量降低 56.59％,CO_2 排放量降低 35.83％,H_2S 排放量降低 65.15％;当温度为 40 ℃,含固率为 7％,进料为 80％餐厨垃圾、20％污泥时,相较于现行场景,原材料单耗量降低了 54.97％,CO_2 排放量降低了 12.19％,H_2S 排放量降低了 30.85％;当温度为 40 ℃,含固率为 8％,进料为 100％餐厨垃圾时,相较于现行场景,原材料单耗量降低 52.15％,CO_2 排放量降低了 4.41％,H_2S 排放量降低了 96.58％;当温度为 37.5 ℃,含固率为 6％,进料为 100％餐厨垃圾时,相较于现行场景,CO_2 排放量增加了 26.17％,原材料单耗量降低了 69.34％,H_2S 排放量降低了 97.33％。综上所述,厌氧发酵温度应控制在 40 ℃左右,这样可有效降低厌氧发酵原材料单耗量、CO_2 排放量、H_2S 排放量。根据多场景物质流数据分析,在降低原材料单耗量以及 H_2S 排放量方面,单独厌氧发酵处理餐厨垃圾具有很大潜力,因而协同厌氧发酵处理有机固废时应考虑多掺入餐厨垃圾。

5.5　厌氧发酵处理物质流与能量流耦合分析

能量流分析旨在研究厌氧发酵过程的能量流动及转化情况,忽略在各个模块间传递所消耗的电能、热能等,只涉及各个物料间能量的传递、厌氧发酵过程吸收或者放出的能量。

5.5.1　能量流计算原理与方法

系统输入的能量为原料输入能量以及加热系统供热量,系统输出的能量包括沼气带走能量、罐体侧壁热损失、罐顶热损失、罐底热损失、沼气显热损失、水分蒸发热损失以及剩余物中沼液、沼渣携带的热量。

物理热计算方法同式(2-7)。

化学热主要为厌氧发酵原材料的化学热,通过其低位热值计算,所需物料比热容数值及物质低位热值如表 5-7 所示。

表 5-7　物料比热容及物质低位热值

物　　料	比热容/(kJ/(kg・K))	低位热值
污泥	3.510	5000.0~9000.0 kJ/kg
餐厨垃圾	4.200	2200.0~3300.0 kJ/kg

续表

物　　料	比热容/(kJ/(kg·K))	低 位 热 值
厨余垃圾	4.200	3700.0 kJ/kg
水	4.200	—
水蒸气	2.405	—
甲烷	—	$3.93×10^4$ kJ/m³

5.5.2　厌氧发酵处理现状能量流分析

　　能量流分析的对象是输入系统和输出系统的能量,包括物质能量和非物质能量。物质能量是实体物质本身携带的物理能、化学能,以比热容、热值作为依据;非物质能量是没有特定物质载体的能量,如热能。能量流分析以物质流分析为基础。厌氧发酵系统的物质能量对象有原料、调节剂(水、氨气)、甲烷和发酵剩余物,根据其单位热值、比热容计算;调节剂中氨气因其用量极少,能量不计。散热是非物质能量,散热能量根据厌氧发酵反应器保温结构、实际运行状况进行计算。

　　根据实际调研,荆州市一期现行厌氧发酵处理量为 120 t/d,设置厌氧发酵罐 3 座,反应器容积为 5500 m³。罐体尺寸直径为 16 m,高为 25 m,料液高度为 21.0 m,罐底地基基础为 C30 混凝土,厚度为 0.50 m,厌氧发酵罐侧表面积为 1256.0 m²,灌顶面积为 261.2 m²,罐下底面积为 201.0 m²。根据中国气象局数据记录,荆州年气候背景如图 5-14 所示,年最低温度为 1.3 ℃,年最高温度为 32 ℃,因而设计罐体侧

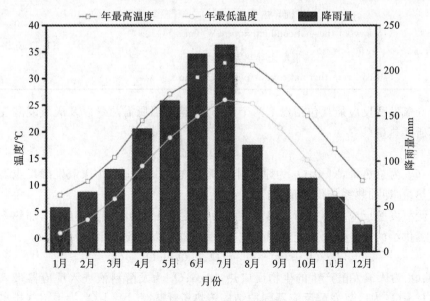

图 5-14　荆州年气候背景

壁保温材料为 0.15 m 苯板,灌顶保温材料为 0.20 m 岩棉。厌氧发酵温度设置为
40 ℃,进料温度设置为 25 ℃。苯板导热系数取 0.047 W/(m・℃),岩棉导热系数
取 0.040 W/(m・℃),C30 混凝土导热系数为 1.51 W/(m・℃)。反应器具体设计
参数如表 5-8 所示。

表 5-8　厌氧发酵反应器设计参数

参　　数	数　　值
反应器高度 (reactor height)/m	25.0
料液高度 (liquid level)/m	21.0
反应器内径 (reactor inner diameter)/m	16.0
保温层苯板厚度 (insulation layer benzene board thickness)/m	0.15
保温层岩棉厚度 (insulation layer rock wool thickness)/m	0.20
地基基础 C30 混凝土厚度 (foundation basement C30 concrete thickness)/m	0.50
苯板导热系数 (benzene plate thermal conductivity)/(W/(m・℃))	0.047
岩棉导热系数 (rock wool thermal conductivity)/(W/(m・℃))	0.040
C30 混凝土导热系数 (c30 concrete thermal conductivity)/(W/(m・℃))	1.51

　　厌氧发酵反应能耗包括以下两个部分:原料升温所需热量以及厌氧发酵反应器
传热所耗热量。

$$Q_T = Q_1 + Q_2$$

式中:Q_T 为总热量,kJ/d;Q_1 为原料升温所需热量,kJ/d;Q_2 为厌氧发酵反应器传热
所耗热量,即加热系统供热量,kJ/d。

　　厌氧发酵反应器传热所耗热量是指为了维持稳定的厌氧发酵温度,加热系统向
反应器供给的热量。根据能量守恒定律,反应器有以下反应平衡。

$$Q_2 + Q_3 + Q_4 = Q_5 + Q_6 + Q_7 + Q_8$$

式中:Q_3 为厌氧发酵产生的生物反应热,kJ/d;Q_4 为发酵料液进入反应器带入的能
量,kJ/d;Q_5 为厌氧发酵反应器围护结构传热所耗热量,kJ/d;Q_6 为干沼气排出反应
器带走的显热损失,kJ/d;Q_7 为反应器内水分蒸发热损失,kJ/d;Q_8 为发酵料液排出

反应器带走的能量,kJ/d。

由于反应器进出料液体积流量相等、温度相等,且前后物料密度、液体黏度、比热容变化不大,所以 $Q_4 \approx Q_8$。且在反应过程中厌氧微生物反应释放出来的热量远远小于其他热耗,因而 Q_3 可忽略不计。因此上式可简化为

$$Q_2 = Q_5 + Q_6 + Q_7$$

根据厌氧发酵反应器保温设计,可将厌氧发酵反应器围护结构传热所耗热量简化为三个部分,即由反应器侧壁面、顶部和底部三个部分传热所耗热量。

计算得到厌氧发酵反应能耗如表 5-9 所示。

表 5-9　厌氧发酵反应能耗统计

项　　目	能耗/(kJ/d)
罐体侧壁热损失	514803.3
罐顶热损失	67703.0
罐底热损失	786541.4
原料升温需热量计算	8406000.0
水分蒸发热损失	12065.8
沼气显热损失	2102.3
合计	9789215.8

对荆州市厌氧发酵实际运行状况进行调研,一期有机固废处理量为 120 t/d。设分三个厌氧发酵反应器进行处理,对单个厌氧发酵反应器进行系统能量衡算,具体见表 5-10,厌氧发酵能量输入与输出占比如图 5-15 所示。

表 5-10　传统污泥厌氧发酵能量流

物 质 流 向	项　　目	能量/(kJ/d)	占　　比
输入	水	6300.0	
	污泥	200002106.0	
	热耗	10115081.5	
输出	甲烷	43869280.0	20.88
	原料升温所需热量	8406000.0	
	罐体侧壁热损失	514803.3	
	罐顶热损失	67703.0	4.68
	罐底热损失	786541.4	
	沼气显热损失	50455.1	
	水分蒸发热损失	289578.7	0.14
	其他物质(沼液、沼渣、其他气体)	156139126.0	74.31

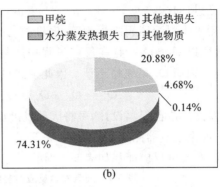

扫码看彩图

图 5-15　厌氧发酵能量输入（a）与输出（b）占比图

对于厌氧发酵而言，清洁能源沼气的产生特性是评价系统能源、资源节约和综合利用情况的关键指标。沼气气体组分会随厌氧发酵条件改变而改变，沼气中主要由甲烷产生能量，故选取系统能效，即产沼气后甲烷中所携带能量占系统输入能量之比，其值越高，说明能量利用效率越高，具体计算公式如下：

$$\eta = \frac{Q_{\text{out}}}{Q_{\text{in}}} \times 100\% = \frac{3.93 \times 10^4 \times V_{\text{out}}}{Q_{\text{in}}} \times 100\%$$

式中：η 为能量利用效率，%；Q_{in} 为输入能量，包括调节剂、有机固废所带能量以及热耗，kJ/d；Q_{out} 为产生甲烷所带热量，kJ/d；V_{out} 为 40 t 有机固废厌氧发酵单日产沼气中甲烷体积，m^3/d；3.93×10^4 为甲烷单位体积热值，kJ/m^3。

能量流分析结果显示：原料中能量利用率低，大部分能量还储存在剩余物中。热损失中，找到可降低沼气中携带水蒸气含量的有机固废厌氧发酵协同运行配比，可降低水分蒸发热损失，以提高厌氧发酵系统能效。因此厌氧发酵制备沼气过程中，还需寻找可提高沼气产率的运行工况，注意剩余物能量的回收利用，提高发酵过程中资源蕴藏的能源利用效率。

5.5.3　模拟协同厌氧发酵处理物质流与能量流耦合分析

根据多场景物质流三个指标对比分析，选择餐厨垃圾协同厨余垃圾厌氧发酵进行能量流耦合研究。厌氧发酵协同占比、温度、含固率对于厌氧发酵系统都存在一定的影响，通过此三种因素研究系统能耗的变化，对厌氧发酵系统的能效情况进行多样且全面的评价。

5.5.3.1　协同占比对厌氧发酵能效的影响

厌氧发酵原料种类的不同对于沼气产量的影响较大，而餐厨垃圾协同厨余垃圾作为厌氧发酵原料可在降低工艺资源消耗、提升环境效益的情况下实现对有机固废潜在资源的有效利用。现对餐厨垃圾协同厨余垃圾厌氧发酵进行能量流研究。以餐厨垃圾占进料 80%，厨余垃圾掺入其中进行厌氧发酵的占比为操纵变量，考察厨余垃圾占比为 0%、5%、10%、15%、20% 时（温度 40 ℃，含固率 6%），系统能耗及能效变化情况，计算和分析系统能效的变化（图 5-16）。

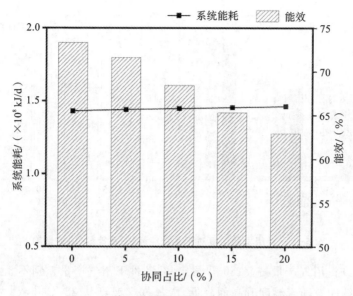

图 5-16　协同占比对系统能耗及能效的影响

随着厨余垃圾占比的增大,系统能耗变化不大,这是因为餐厨垃圾本身的热值与厨余垃圾差别不大,且含水率相近,所以厌氧发酵过程系统能耗随协同占比变化较小。随着厨余垃圾占比的增大,系统能效呈现下降趋势。厨余垃圾占比从 0 增至 20％时,系统能效下降了 10.4％。这是由于厨余垃圾的掺入使沼气产量降低、甲烷产量降低,在系统能耗变化较小的情况下,使系统能效降低。研究表明,原料理化性质会影响甲烷产量。根据厌氧发酵企业调研及对厌氧发酵原料的收集数据可知,餐厨垃圾油脂含量高于厨余垃圾,蛋白质、糖含量低于厨余垃圾。糖和蛋白质比例的增加会显著降低甲烷转化率,而油脂拥有更高的产甲烷潜力。

5.5.3.2　厌氧发酵温度对厌氧发酵能效影响

厌氧发酵温度是厌氧发酵过程中的主要控制参数,厌氧发酵温度变化对于沼气产量、甲烷组分占比的影响较大。根据前面的分析,中温(35～40 ℃)、高温(55 ℃)下厌氧发酵沼气产量比较突出,因而选择 35 ℃、40 ℃、55 ℃三种典型温度探究厨余垃圾协同餐厨垃圾不同占比情况下,系统能耗及能效的变化。以餐厨垃圾占进料80％,厨余垃圾掺入其中进行厌氧发酵的比例为操纵变量,考察厨余垃圾占比为 0、10％、20％时,不同温度下系统能耗变化情况,进而计算分析系统能效的变化。

系统能耗及能效随厌氧发酵温度的变化如图 5-17 所示。在同一协同占比的情况下,随着厌氧发酵温度的升高,系统能耗增加,而能效降低。厌氧发酵温度从 35℃升至 40 ℃时,总能耗增加了 1.4％～3.5％,厌氧发酵温度从 35 ℃升至 55 ℃时,总能耗增加了 9.3％～9.9％。系统能耗的提高主要是因为高温厌氧发酵所需的温度远高于中温厌氧发酵,原料升温能量、装置升温能量、散热损失的增加使得高温厌氧发酵能耗也高于中温厌氧发酵。根据厌氧发酵温度影响分析结果可知,厌氧发酵

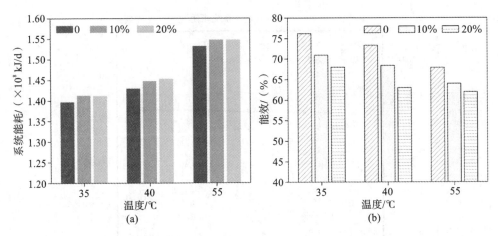

图 5-17　厌氧发酵温度对于系统能耗(a)及能效(b)的影响

温度为 35 ℃时,沼气产量最大;40 ℃与 55 ℃条件下沼气产量差别不
大。因此系统能效随着温度升高而降低,厌氧发酵温度从 35 ℃升至
55 ℃时,能效降低 5.0%～8.5%。在同一厌氧温度下,系统能耗随协
同占比增加的变化不大,系统能效随协同占比增加而降低,与前一节
分析吻合。

扫码看彩图

　　从能耗角度上看,高温厌氧发酵为了维持所需要的高温条件要消耗更多能量,
而高温厌氧发酵池与环境的温差更大,热损失更多,因此投入成本和运行费用都要
高于中温厌氧发酵。从系统稳定性及操作难度上看,虽然高温厌氧发酵在灭活病原
菌方面非常有效,但对高温的控制要难于对中温的控制,且高温系统稳定性劣于中
温系统,维护要求高,经济效益差。因而建议进行中温厌氧发酵,厌氧发酵温度为
35～40 ℃。

5.5.3.3　含固率对厌氧发酵能效的影响

　　在一定范围内提高含固率有助于提高甲烷总产率,但较高的含固率会影响微生
物代谢活性,降低反应速率,延长发酵周期,因而合适的含固率对厌氧发酵系统也非
常重要。根据前面分析,系统含固率设置为 6%～8%,厌氧发酵沼气产量较高,因而
选择含固率为 6%、7%、8%三种情况探究厨余垃圾协同餐厨垃圾不同占比对系统能
耗及能效的影响。以餐厨垃圾占进料 80%,厨余垃圾掺入其中进行厌氧发酵的比例
为操纵变量,考察厨余垃圾占比为 0、10%、20%时,不同含固率下系统能耗的变化情
况,进而计算分析系统能效的变化。

　　系统能耗及能效随厌氧发酵系统含固率的变化如图 5-18 所示。在同一协同占
比情况下,随着厌氧发酵含固率的增加,系统能耗变化不大,系统能效先降低后升
高,变化幅度不大。当含固率为 8%时,系统能耗小幅度降低。主要是因为处理同等
量有机固废时,有机固废原料含水率不变,系统含固率的提高,使输入调节水量减

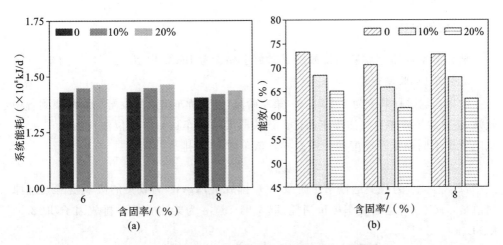

图 5-18　含固率对于系统能耗(a)及能效(b)的影响

少,系统中浆液升温所需热量也随之降低,因此系统能耗小幅度降低。在同一含固率下,系统能耗随协同占比增加变化不大,系统能效随协同占比增加而降低,与前一节分析吻合,即在 40 ℃厌氧发酵温度下,含固率(6%~8%)对系统能耗、能效影响不大,故将含固率维持在 6%~8%即可。

扫码看彩图

5.6　厌氧发酵处理碳核算

5.6.1　研究边界

厌氧发酵一般生产、资源化过程如图 5-19 所示。厌氧发酵碳排放核算模型基于图 5-19 建立,包括原料收集运输过程(包括收集、运输、转运)、厌氧发酵处理过程(包括升温、保温等过程)以及沼气沼肥资源化利用的碳减排过程。起始边界为原料收集,终止边界为沼气发电、沼肥农用(不考虑沼气运输油耗)。

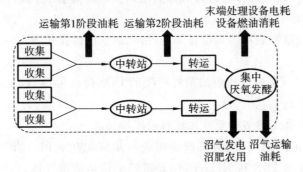

图 5-19　厌氧发酵系统边界范围

5.6.2　估算方法

估算温室气体排放量的排放因子参数主要参考 IPCC 指南。

5.6.2.1　收集运输过程的碳排放

收集运输过程共分为 2 个阶段。第 1 阶段,柴油货车将厌氧发酵原料汇集到各中转站,碳排放主要来自柴油货车油耗。该阶段柴油货车运行时单位油耗为 3.91 L/t。忽略货车不同载重及速度的油耗差异。该阶段 CO_2 排放量如下:

$$E_{CO_2\,collection1} = WC_{diesel}\alpha$$

式中:$E_{CO_2\,collection1}$ 为收集运输第 1 阶段 CO_2 排放量,kg;W 为收集的厌氧发酵处理原料总量,t;C_{diesel} 为运输货车单位消耗,取 3.91 L/t,α 为柴油的 CO_2 排放因子,取 2.63 kg/L。

第 2 阶段,重型货车将餐厨垃圾从中转站转移至集中处理点,此过程为"点对点"运输,CO_2 排放量如下:

$$E_{CO_2\,collection2} = \sum 2L_i\chi$$

式中:$E_{CO_2\,collection2}$ 为收集运输第 2 阶段 CO_2 排放量,kg;L_i 为各中转站至集中处理点的距离,km;χ 为重型货车 CO_2 排放因子,取 0.598 kg/km;数字 2 为该阶段每次运输按照往返两程计算。

5.6.2.2　厌氧发酵处理过程碳排放

集中式厌氧发酵采用密封方式,故不考虑温室气体的无组织排放,主要分析搅拌、保温等设备电耗引起的碳排放。厌氧发酵过程碳排放量如下:

$$E_{CO_2\,anerobic} = WC'_{electricity}\beta$$

式中:$E_{CO_2\,anerobic}$ 为厌氧发酵过程电耗产生的 CO_2 排放量,kg;$C'_{electricity}$ 为厌氧发酵过程的单位电耗。由于工艺条件的差异,单位电耗值处于 25～38 (kW·h)/t 之间。基于实地调研的某日处理能力 120 t 有机固废厌氧发酵项目,取值 25 (kW·h)/t;β 为电的 CO_2 排放因子,根据生态环境部发布的《关于做好 2023—2025 年发电行业企业温室气体的排放报告管理有关工作的通知》,2022 年度全国电网平均 CO_2 排放因子为 0.5703 kg/(kW·h)。

此外,需要通过燃油对厌氧设备加温,由此造成的碳排放量:

$$E_{CO_2\,desiel} = WC'_{desiel}\alpha$$

式中:$E_{CO_2\,desiel}$ 为厌氧发酵过程燃油消耗产生的 CO_2 排放量,kg;C'_{desiel} 为锅炉加热的柴油消耗,取 0.3 L/t。

5.6.2.3　厌氧发酵沼气资源化过程碳减排效应

厌氧发酵产生的沼气、沼液等产物可进一步资源化利用。沼气主要成分包括 CH_4、CO_2 及少量的 H_2S 和 NH_3,CH_4 是重要的清洁能源气体,可以替代化石燃料发电,从而减少化石燃料燃烧的碳排放。由厌氧沼气发电带来的碳减排量:

$$E_{CO_2 \text{ reduction1}} = W\mu\upsilon\zeta o\beta$$

式中：$E_{CO_2 \text{ reduction1}}$ 为沼气发电利用引起的 CO_2 减排量，kg；μ 为厌氧发酵过程的沼气产率，m^3/t；υ 为沼气中甲烷含量，%；ζ 为沼气用于发电的有效利用率，取 80%；o 为甲烷燃烧代替发电系数，假设在标准状况下，由甲烷热值推算，11 $(kW \cdot h)/m^3$。

5.6.2.4　厌氧发酵剩余物资源化过程碳减排效应

沼液、沼渣含有植物生长所必需的氮、磷、钾等营养物质，可以代替化肥进行土地利用，进而避免了化肥生产过程中的能量消耗及碳排放，从而实现碳减排效果。剩余物考虑原位资源化，忽略运输过程碳排放。

根据氮元素核算沼液、沼渣代替化肥带来的碳减排量，由 N_2O 无组织逸散造成的氮元素损失小于 5%，忽略不计。忽略沼肥农业利用时造成的碳排放，同时不考虑堆肥产物资源化利用过程中的额外运输（假设货车往返运输过程中一程运输收集的有机固废，另一程将堆肥产物随车运回）。则由有机固废产生的有机肥料等同于尿素量：

$$W_U = W_O \theta C_N (M_{urea}/M_C)\rho$$

式中：W_U 为有机固废产生的与有机肥料等同的尿素量，kg；W_O 为堆肥处理沼液沼渣的质量，kg；θ 为堆肥产品产率，取 5%；C_N 为堆肥产品中氮元素含量，%；M_{urea}、M_C 分别为尿素和碳的分子量；ρ 为堆肥产品的有效利用率，取 70%。

对应碳减排量：

$$E_{CO_2 \text{ reduction2}} = W_U (\phi\gamma + \sigma\beta)$$

式中：$E_{CO_2 \text{ reduction2}}$ 为堆肥产品利用引起的 CO_2 减排量，kg；ϕ 为尿素的煤耗系数，取 1.55；γ 为标准煤的 CO_2 排放因子，根据 BP 中国碳排放计算器，取 2.493；σ 为尿素的电耗系数，取 0.45 $(kW \cdot h)/kg$。

5.6.3　计算结果

设置不同场景，利用 Aspen Plus 软件模拟厌氧发酵过程，进而核算不同场景碳排放。场景设置如表 5-11 所示。

表 5-11　厌氧发酵碳核算场景设置

场 景 编 号	协 同 占 比
1（现状）	100%污泥
2	100%餐厨垃圾
3	20%污泥、80%厨余垃圾
4	50%厨余垃圾、50%餐厨垃圾
5	80%餐厨垃圾、20%厨余垃圾
6	20%餐厨垃圾、80%厨余垃圾

由图 5-20 可知，示范工程厌氧发酵日处理量为 120 t，为方便计算，本研究以系统处理 1 t 厌氧原料排放的 CO_2 为计量单位，kg/t。协同厌氧发酵场景下都有良好

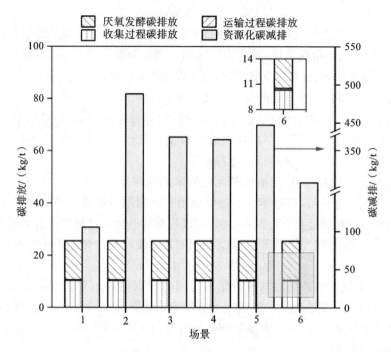

图 5-20　厌氧发酵碳排放核算

的碳减排效果,其中100%餐厨垃圾进行厌氧发酵时碳减排效果最佳,这与物质流、能量流能效分析结果相符。100%餐厨垃圾(场景2)进行厌氧发酵相对于现状(场景1)可实现451.02%碳减排。20%污泥、80%餐厨垃圾(场景3)进行厌氧发酵相对于现状(场景1)实现309.00%碳减排。50%厨余垃圾、50%餐厨垃圾(场景4)进行厌氧发酵相对于现状(场景1)实现305.09%碳减排。80%餐厨垃圾、20%厨余垃圾(场景5)进行厌氧发酵相对于现状(场景1)实现403.05%碳减排。20%餐厨垃圾、80%厨余垃圾(场景6)进行厌氧发酵相对于现状(场景1)实现238.70%碳减排。碳减排主要由于餐厨垃圾、厨余垃圾的掺入使沼气产量增加,产生的沼气资源化可减少运输、厌氧发酵过程柴油、煤炭等的消耗。

5.7　本章小结

　　本章基于提升厌氧发酵系统能效的理念,依据厌氧发酵企业的实际生产工艺,利用 Aspen Plus 软件构建厌氧发酵仿真模型,分析了不同场景下协同厌氧发酵的物质流、能量流,以探究固废协同厌氧的最佳条件,为生产提供参考。主要结论如下:

　　(1)利用 Aspen Plus 软件建立了厌氧发酵工艺仿真模型。按照荆州市某厌氧发酵工厂实际生产数据设置相关参数,餐厨垃圾厌氧发酵模拟值为 89.50 m³/t,在实际范围内；粪便厌氧发酵模拟值为 17.82 m^3/t，污泥厌氧发酵模拟值为 40.04 m^3/t，模拟误差在 10% 左右，可认为仿真模型具有可靠性。

（2）多源（餐厨垃圾、厨余垃圾、污泥、粪便）协同厌氧发酵时不同协同占比、厌氧发酵温度、含固率对沼气产量的影响。

①二源及三源协同模拟占比分析表明，餐厨垃圾、厨余垃圾的协同厌氧发酵效果均优于传统污泥厌氧发酵，可适当调整协同占比。餐厨垃圾与粪便协同时，粪便占比不宜超过 40%，餐厨垃圾与粪便、餐厨垃圾与厨余垃圾协同时，比例可灵活调配。厨余垃圾与污泥协同厌氧发酵时，可提高污泥协同占比以弥补厨余垃圾产量的不足，但污泥占比不宜超过 60%。

②厌氧发酵温度维持在 35～40 ℃、55 ℃左右产沼气效果较佳。

③餐厨垃圾与污泥、餐厨垃圾与厨余垃圾协同厌氧发酵时，含固率维持在 6%～8%，沼气产量较大；粪便与餐厨垃圾、厨余垃圾与污泥协同厌氧发酵时，适当将系统含固率提升至 8% 左右，其相对较高的含固率，可使沼气产量增加 7.5%～13.3%。

（3）物质流指标评价结果表明，餐厨垃圾协同厨余垃圾厌氧发酵和餐厨垃圾协同污泥厌氧发酵的沼气产量较高。C/N 的值为 25～30 前提下，厌氧发酵温度为 35 ℃时，系统含固率最佳值为 7% 左右；厌氧发酵温度为 37.5 ℃、40 ℃时，系统含固率最佳值为 6% 左右。厌氧发酵温度应控制在 40 ℃左右，最优协同占比可有效降低 52.1%～56.7% 的厌氧发酵原材料单耗量、4.41%～35.83% 的 CO_2 排放量、65.15%～96.58% 的 H_2S 排放量。

（4）能量流研究结果表明，含固率维持在 6%～8% 可保证系统能耗和能效的稳定。建议进行 35～40 ℃的中温厌氧发酵，相较于高温厌氧发酵，可降低 5.8%～9.9% 的能耗，提升 5.0%～8.5% 能效，餐厨垃圾具有较理想的产沼气潜力，协同厌氧发酵时应考虑多掺餐厨垃圾。

（5）碳排放模型结果表明，协同厌氧发酵场景下都有良好的碳减排效果，协同固废碳减排效果可达 400% 以上，餐厨垃圾和厨余垃圾的掺入可调控 CO_2 向甲烷的转化，保证甲烷资源化的同时提高环境效益。

参 考 文 献

[1]　Batstone D J，Keller J，Angelidaki I，et al. The IWA anaerobic digestion model No 1(ADM1)[J]. Water Sci Technol，2002，45(10)：65-73.

[2]　Andrews J F. A mathematical model for the continuous culture of microorganisms utilizing inhibitory substrates [J]. Biotechnology and Bioengineering，1968，10(6)：707-723.

[3]　Angelidaki I，Ellegaard L，Ahring B K. A comprehensive model of anaerobic bioconversion of complex substrates to biogas [J]. Biotechnology and

Bioengineering,1999,63(3):363-372.

[4] Angelidaki I,Ellegaard L,Ahring B K. A mathematical model for dynamic simulation of anaerobic digestion of complex substrates:focusing on ammonia inhibition[J]. Biotechnology and Bioengineering,1993,42(2):159-166.

[5] 孙娜,李志东,李娜,等.炼油厂剩余污泥中温与高温厌氧消化对比实验[J].装备环境工程,2008,5(2):16-20.

[6] 宋云鹏,刘吉宝,陈梅雪,等.餐厨垃圾干式厌氧消化工艺中甲烷转化率及其限制性因素[J].环境工程学报,2021,15(5):1697-1707.

[7] 何品晶,周琪,吴铎,等.餐厨垃圾和厨余垃圾厌氧消化产生沼渣的脱水性能分析[J].化工学报,2013,64(10):3775-3781.

[8] Hansen K H,Ahring B K,Raskin L. Quantification of syntrophic fatty acid-beta-oxidizing bacteria in a mesophilic biogas reactor by oligonucleotide probe hybridization[J]. Applied and Environmental Microbiology,1999,65(11):4767-4774.

[9] 段彦芳.中温混合厌氧发酵产沼气影响条件分析及优化[D].哈尔滨:哈尔滨工业大学,2016.

[10] 赵婉情,阳红,刘海鑫,等.有机负荷对餐厨垃圾厌氧消化性能影响及动力学分析[J].中国沼气,2023,41(4):26-30.

[11] 魏荣荣,成官文,罗介均,等.不同温度猪粪厌氧发酵甲烷产量和产能实验[J].农机化研究,2010,32(4):170-174.

[12] 张波,蔡伟民,何品晶.温度对厨余垃圾两相厌氧消化中水解和酸化过程的影响[J].环境科学学报,2006,26(1):45-49.

[13] 何曼妮.不同温度对餐厨垃圾酸化及其产物甲烷化的影响研究[D].北京:北京化工大学,2013.

[14] 李谟军,梅鑫.温度对厨余垃圾厌氧发酵过程的影响[J].科技通报,2022,38(4):97-100.

[15] 罗臣乾.农村有机生活垃圾厌氧发酵工艺的研究[D].北京:中国农业科学院,2018.

[16] 李东,孙永明,袁振宏.固体浓度对水分选有机垃圾中温厌氧消化启动的影响[J].过程工程学报,2009,9(5):987-992.

[17] 马磊,王德汉,曾彩明.餐厨垃圾的干式厌氧消化处理技术初探[J].中国沼气,2007,25(1):27-30.

[18] 石川,李坤,边潇,等.餐厨垃圾厌氧处理"碳中和"综合效益评价[J].中国环境科学,2023,43(1):436-445.

[19] 程俊伟,黄明琴.厨余垃圾与不同燃料物混烧排污及热值效应分析[J].环保科技,2017,23(5):11-16.

[20]　Bernstad A K, Jansen J L C. Review of comparative LCAs of food waste management systems: Current status and potential improvements[J]. Waste Management, 2012, 32(12): 2439-2455.

[21]　边潇, 宫徽, 阎中, 等. 餐厨垃圾不同"收集-处理"模式的碳排放估算对比[J]. 环境工程学报, 2019, 13(2): 449-456.

[22]　彭美春, 李嘉如, 胡红斐. 营运货车道路运行油耗及碳排放因子研究[J]. 汽车技术, 2015(4): 37-40.

[23]　刘洪涛, 陈同斌, 杭世珺, 等. 不同污泥处理与处置工艺的碳排放分析[J]. 中国给水排水, 2010, 26(17): 106-108.

第6章　多源有机固废循环经济产业园物质流与能量流耦合分析

　　随着城镇化的快速发展和人民生活水平的日益提高,城镇生活垃圾清运量快速增长,生活垃圾无害化处理能力和水平相对不足,我国大中城市"垃圾围城"现象日益凸显。循环经济产业园建设是加强生态文明建设、建设资源节约型和环境友好型社会、转变经济发展方式、推动工业倍增的重大战略举措。

　　据统计,园区处理的固废种类以再生资源、生活垃圾、有机垃圾、市政污泥和建筑垃圾为主;焚烧和综合利用是园区主流工艺,采用填埋工艺的园区较少,高温、等离子和炭化等其他工艺逐渐受到重视;从处理种类统计上看,目前全国有70%的已建园区综合处理再生资源(包括餐厨垃圾、厨余垃圾),46%的已建园区综合处理生活垃圾,28%的已建园区综合处理市政污泥。综合长江经济带有机固废(主要包括生活垃圾、污泥、餐厨垃圾、厨余垃圾等)特性,故提出以生活垃圾焚烧处理为主,高温热解、厌氧发酵为辅的复合型园区,充分利用生活垃圾热值特性发电、有机固废炭化、厌氧发酵产沼气,以实现有机固废的减量化、无害化处理。

　　循环经济产业园的资源配置是否高效,工艺间是否合理,经济、环境效益是否满足可持续发展,都是循环经济产业园区发展的关键部分。基于"减量化""再利用""再循环"的基本原则,循环经济产业园核心目标是达到提升效率、降低能耗、减少污染的效果。将固废处理系统作为一个有机整体,根据生活垃圾、餐厨垃圾、厨余垃圾、造纸废渣、松木、大血藤中药渣等不同固废的物理化学特性,以及焚烧、厌氧发酵和热解等工艺特点,建立协同耦合体系,实现能量和物质的循环利用,提高能源利用效率,降低污染排放;通过共用部分处理设施,节约土地资源,减少投资成本;同时焚烧高温蒸汽、厌氧发酵产生沼气用于发电,热解可燃气余热可回收用于干化、厌氧发酵原料升温,打造成固废绿色低碳治理的模式。循环经济产业园布置如图6-1所示。

　　经实际调研,循环经济产业园处理有机固废主要模块由垃圾焚烧、厌氧发酵组成,故循环经济产业园简化图如图6-2所示。

　　具体循环耦合方式:生活垃圾、餐厨垃圾、厨余垃圾、污泥经过处理后实现减量和无害化,产生的电能首先供应给其他处理单元使用,同时根据园区其他处理单元的用热需求,从发电模块抽取蒸汽提供热能,如用于干化、厌氧发酵原料升温,园区自用,剩余部分外送;厌氧发酵经过处理后产生的沼渣经过脱水干化,最后进入生活垃圾焚烧处理;垃圾焚烧产生蒸汽产电后形成的低温烟气也可用于干化、厌氧发酵原料升温,进一步降温后的蒸汽可作为生产液体辅料输入园区;上述生活垃圾焚烧

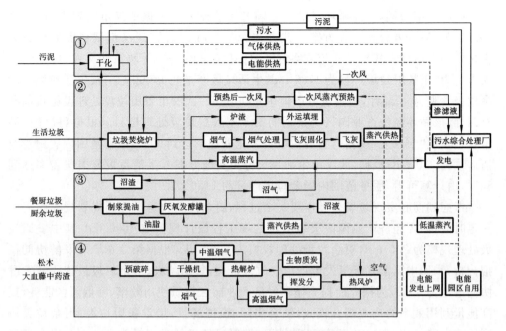

图 6-1　循环经济产业园布置示意图

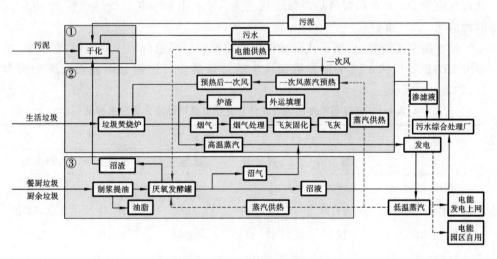

图 6-2　循环经济产业园简化图

处理、厌氧发酵处理产生的污水,如垃圾渗滤液、沼液、生产用水等汇集后统一进行污水综合处理,达到中水回用标准。

为探寻高效循环经济产业园运行模式,利用仿真模拟以及物质流与能量流的分析方法,探求多源有机固废处理的"减量化""高效率""低能耗""少污染"协同方式;结合"双碳"目标,核算循环经济产业园区碳排放,寻求多源有机固废低碳排放、高效、清洁转化的新路线。

以武汉市为例,设计循环经济产业园各工艺流程。根据武汉市规划人口,结合《武汉市生活垃圾分类实施方案》(武办文〔2017〕71号)及《武汉市城乡生活垃圾无害化处理全达标三年行动实施方案》(武政办〔2018〕55号)等政策性文件,可预测武汉市2030年餐厨垃圾产量为1785 t/d,生活垃圾产量达17000 t/d,按生活垃圾中厨余垃圾含量为40%计,厨余垃圾产量达6800 t/d。武汉市餐厨垃圾处理设施目前共有四处,该循环经济产业园区为规划的第5座餐厨垃圾处理项目。根据《武汉市城市管理发展"十三五"规划》,餐厨垃圾资源化处理率达到90%,服务范围内餐厨垃圾清运量为320 t/d;根据《武汉市生活垃圾分类实施方案》,生活垃圾分类覆盖率达到85%,由计算可得,服务范围内厨余垃圾产量约1156 t/d。

考虑到彻底实现垃圾分类需要一个过程,厨余垃圾收运量达到规划规模尚需要一定时间,循环经济产业园区厌氧消化处理工程设计规模取1000 t/d,其中餐厨垃圾处理规模为200 t/d,厨余垃圾处理规模为800 t/d。根据第5章厌氧发酵协同模拟分析,采用中温湿式厌氧发酵产沼气效果最佳,餐厨垃圾、厨余垃圾最佳厌氧发酵协同占比为8∶2,为探究能提高循环经济产业园区物质使用效率、降低园区能耗,提高能量利用效率的产业耦合模式,结合实际、模拟场景,增设餐厨垃圾、厨余垃圾协同厌氧发酵占比为8∶2、5∶5两种情况,即餐厨垃圾处理规模为800 t/d、厨余垃圾处理规模为200 t/d和餐厨垃圾处理规模为500 t/d、厨余垃圾处理规模为500 t/d两种情况。

经查阅文献资料,总结了武汉城市生活垃圾中可燃组分所占的比例、含水率,并参考DB11/T 1416—2017推荐值预设生活垃圾焚烧可燃组分碳元素及矿物碳含量,如表6-1所示。

表6-1 武汉城市生活垃圾成分与入炉焚烧可燃组分参数推荐值

参　　数	物　理　组　分				
	厨余类	纸张类	橡塑类	木竹类	纺织类
占比/(%)	58.00	10.00	12.80	2.20	2.90
含水率/(%)	44.31	10.92	1.94	26.44	6.71
碳元素含量/(%)	12.23	38.53	77.28	38.39	52.33
矿物碳含量/(%)	11.73	8.90	68.10	52.30	18.53

武汉市全市生活垃圾产量约为12000 t/d,主要由五座焚烧厂(汉口北垃圾焚烧发电厂、新沟垃圾焚烧发电厂、锅顶山垃圾焚烧发电厂、星火垃圾焚烧发电厂、长山口垃圾焚烧发电厂)、两个填埋厂(陈家冲生活垃圾填埋场、长山口生活垃圾填埋场)、一座协同处理厂(陈家冲水泥窑协调预处理厂),以及两座餐厨垃圾处理厂(汉口西部餐厨废弃物处理厂、武汉天基生态能源科技有限公司)。为缓解武汉市垃圾处理压力,实现污泥资源化,设计生活垃圾焚烧厂处理规模为1500 t/d,其中生活垃

圾处理规模为 1200 t/d,市政污泥处理规模为 300 t/d。根据第 3 章垃圾焚烧协同模拟结果,取有机固废中造纸废渣脱墨污泥作为协同原料,协同占比同市政污泥,即生活垃圾处理规模为 1200 t/d,脱墨污泥处理规模为 300 t/d。将两种协同模式进行模拟对比分析,以寻求循环经济产业园区中生活垃圾焚烧最有利方式。

　　根据上述设计规模进行模拟,将垃圾焚烧厂、厌氧发酵厂、污水处理厂耦合形成循环经济产业园区,研究其物质转化、能量流动耦合规律,优化园区不同处理技术的耦合匹配和各中间产物的高效协同方式,实现园区物质和能量的高效循环利用,提高系统整体综合能源效率和低碳化水平。具体设计规模及编号如表 6-2 所示。

表 6-2　不同园区协同模拟场景编号

编　　号	垃　圾　焚　烧	厌　氧　发　酵
1#	1200 t 生活垃圾＋300 t 市政污泥	800 t 餐厨垃圾＋200 t 厨余垃圾
2#	1200 t 生活垃圾＋300 t 市政污泥	500 t 餐厨垃圾＋500 t 厨余垃圾
3#	1200 t 生活垃圾＋300 t 市政污泥	200 t 餐厨垃圾＋800 t 厨余垃圾
4#	1200 t 生活垃圾＋300 t 造纸废渣	800 t 餐厨垃圾＋200 t 厨余垃圾
5#	1200 t 生活垃圾＋300 t 造纸废渣	500 t 餐厨垃圾＋500 t 厨余垃圾
6#	1200 t 生活垃圾＋300 t 造纸废渣	200 t 餐厨垃圾＋800 t 厨余垃圾

　　由于不同区域污水综合处理厂所采用的处理方式有所区别,因此物质流、能量流分析中假设污水综合处理厂无输入物料、输出物料、能量损耗;初始边界为循环经济产业园区物质输入端,结束边界为垃圾焚烧处理厂、厌氧发酵、污水综合处理厂输出端。

6.1　产业园物质流分析

6.1.1　宏观物质流

6.1.1.1　物质流账户

　　园区输入物质可分为有机固废,包括生活垃圾、污泥、餐厨垃圾、厨余垃圾、垃圾渗滤液;生产辅料,包括气体辅料(一次风、二次风)、液体辅料(氨水、石灰水、调节剂、生产用水)。输出物质分为产品,包括沼气、高温蒸汽,两者用于后续发电,在满足园区自用的情况下,可外送上网,产生经济效益;可利用废弃物,包括炉渣(外送制环保砖或者外送填埋处理)、厌氧发酵产生的沼渣(经干化后可投入焚烧炉进行燃烧处理)、高温蒸汽发电后产生的低温烟气(可利用其预热加热一次风,或提供给厌氧发酵过程加热厌氧原料);污染物,包括液体污染物(脱硫废水、生产排放水、沼液、垃圾渗滤液)、气体污染物(CO_2、SO_2、NO_x)。不同园区协同模拟场景物质流见表6-3。

表6-3　不同园区协同模拟场景物质流

项 目	类 型	园区物质流/(t/d)					
		1#	2#	3#	4#	5#	6#
输入	有机固废	2500.0	2500.0	2500.0	2500.0	2500.0	2500.0
	生产辅料(液体)	1704.4	1604.4	1504.4	1704.4	1604.4	1504.4
	生产辅料(气体)	10170.3	10170.3	10170.3	10170.3	10170.3	10170.3
	合计	14374.7	14274.7	14174.7	14374.7	14274.7	14174.7
输出	炉渣	319.8	319.1	319.1	275.5	274.9	274.9
	生产排放水	2492.4	2413.6	2309.7	2492.4	2413.6	2309.7
	排放气体	11485.0	11465.6	11465.6	11529.3	11509.9	11509.9
	沼气	77.5	76.3	80.2	77.5	76.3	80.2
	合计	14374.7	14274.7	14174.7	14374.7	14274.7	14174.7
循环物质	低温蒸汽	2401.4	2401.4	2401.4	2401.4	2401.4	2401.4
	沼渣	24	20	20	24	20	20

园区物质单日投入总量为14174.7~14374.7 t。其中,有机固废输入量为2500 t,占物质投入总量的17.4%~17.6%,即生产辅料占物质投入总量的82.4%~82.6%;园区输出物质中,产品沼气为77.5 t、76.3 t、80.2 t,占输出物质总量的0.5%左右;可利用废弃物(包括炉渣、沼渣、低温蒸汽)共2696.3~2745.2 t,占园区直接输入物质总量的18.8%~19.3%;污染物为13775.4~14021.7 t,占输出物质总量的97.2%~97.5%,包括生产排放水、排放气体,排放水统一收集后运往污水综合处理厂处理,达标后排放。

6.1.1.2　评价指标

参考经济系统物质流分析方法指标体系以及《园区循环化改造实施方案编制指南》,结合模拟条件,选取常用的物质流分析指标:资源产出指标中资源产出率(园区生产总值/直接物质投入量,元/吨),废物排放指标中二氧化硫排放量(t)、氮氧化物排放量(t)、单位地区生产总值CO_2排放量(吨/万元),循环指标中资源循环利用率(可利用废物量/直接物质投入量,%)

1.资源产出指标

资源产出率是循环经济发展的重要指标。资源产出率是园区生产总值与直接物质投入量的比值。资源产出率越高,园区经济效益越突出。园区生产总值包括外部环境收入以及内部环境收入。

外部环境收入是企业环境经济行为给整个人类社会带来的有利的环境结果,是当期相较于现状而言减少的环境污染所取得的收益。结合循环经济产业园区企业生产特性,与企业运行现状情形相比减少的污染物排放和减少的资源耗费成本,可以分别确认为污染物减排收入和资源节约收入。

内部环境收入是生产经营过程中因积极的环境行为所获得的收入,这部分环境收入能够通过会计计量方法进行量化。如因环保行为而获得的额外补贴收入;因环境保护行为所减少的成本费用包括减少的环境污染支出、环境补偿费用等,循环经济产业园区内部环境收入包括有机固废处理费补贴收入、上网电价补贴收入。通过计算园区外部环境收入以及内部环境收入,从而获得园区生产总值,进一步计算出不同协同情况下园区资源产出率。

1) 外部环境收入

(1) 土地资源节约收入。

循环经济产业园区中生活垃圾焚烧发电以及厌氧发酵方式使垃圾减少,从而减少了垃圾填埋对土地资源的占用。土地资源节约收入在计算时需要确定两个重要变量:一是垃圾焚烧发电、厌氧发酵方式相较于垃圾填埋处理方式所减少的土地资源占用面积;二是减少占用的土地资源单位面积的价格。根据 2019 年《关于公布实施湖北省征地区片综合地价标准的通知》,湖北省征收集体土地的综合补偿标准为每亩 44330 元,计 66.5 元/平方米。生活垃圾焚烧发电厂垃圾焚烧及餐厨垃圾、厨余垃圾厌氧发酵后占用的土地面积近似于零,成功实现了有机固废的减量化处理。参考张昊旻对垃圾填埋场土地资源利用的研究结果可得,采用填埋方式处理时每吨垃圾占用的土地资源面积为 0.03 m^2。土地资源节约收入计算公式如下:

$$R_1 = S_{land} \times C_{land}$$

式中:R_1 是循环经济产业园区节约土地资源所带来的环境收入(元/天);S_{land} 是垃圾填埋厂处理相同规模的垃圾所占用的土地资源面积(米²);C_{land} 是土地资源占用费(元/(米²·天))。

垃圾焚烧发电厂有机固废处理规模为 1500 t/d,厌氧发酵有机固废处理规模为 1000 t/d。根据式(6-1)计算节约的土地资源所带来的环境收入为 4987.5 元/天。

(2) 污染气体减排收入。

以未协同处理污泥情况下垃圾焚烧发电厂、厌氧发酵厂污染气体排放为基准线,可得到不同协同模式下,循环经济产业园区污染气体减排量,通过计算,可知生活垃圾焚烧发电厂基准线减排部分的外部环境收入等于基准线减排量乘以对应的排放权价格。根据湖北碳排放权交易中心,2024 年碳排放成交均价在 0.090~0.105 元/千克间波动,此处取 0.100 元/千克;基于《关于湖北省主要污染物排污权交易 2023 年季度成交均价的公示》,氮氧化物成交均价取 15.795 元/千克,二氧化硫成交均价取 20.135 元/千克。基准线减排的外部环境收入计算的具体过程见表6-4。

表 6-4 污染气体减排收入

污 染 物	排放权价格 /(元/千克)	污染气体减排量/(t/d)					
		1#	2#	3#	4#	5#	6#
CO_2	0.100	363.4	357.7	347.9	334.7	328.9	319.1
NO_x	15.795	3.8	3.8	3.8	3.6	3.6	3.6
SO_2	20.135	0.9	0.9	0.9	1	1.1	1.1
合计(元/天)		115345.3	114775.3	113795.3	111329.8	112763.3	111783.3

(3) 煤炭资源节约收入。

循环经济产业园区垃圾焚烧发电厂利用垃圾焚烧后产生的过热蒸汽、厌氧发酵产生的沼气进行发电,除去园区用电能耗,剩下的部分可以转化为上网电量。目前我国以煤炭资源为主的资源结构决定了我国煤炭发电量占发电总量的 80% 以上。参考郡畔昕对煤炭发电外部环境成本的研究结论,将煤炭发电带来的外部环境成本定义为 0.1383 元/千瓦时。

不同协同模拟场景下,循环经济产业园区单日煤炭资源节约收入如表 6-5 所示。

表 6-5 煤炭资源节约收入

项 目	1#	2#	3#	4#	5#	6#
上网电量/kW·h	722333.1	683029.2	656629.2	729935.3	690662.2	664262.2
节约煤耗/t	288.9	273.2	262.7	292.0	276.3	265.7
节约收入/元	99898.7	94462.9	90811.8	100950.1	95518.6	91867.5

由表 6-4 可知,1# 至 6# 协同模拟场景下,供电量分别为 722333.1 kW·h、683029.2 kW·h、656629.2 kW·h、729935.3 kW·h、690662.2 kW·h、664262.2 kW·h,折算成标煤为 288.9 t、273.2 t、262.7 t、292.0 t、276.3 t、265.7 t(按标煤耗 400 g/kW·h),即不同情况下循环经济产业园区因节约煤炭资源所带来的外部环境收入分别为 99898.7 元、94462.9 元、90811.8 元、100950.1 元、95518.6 元、91867.5 元。其中生活垃圾焚烧发电厂协同处理情况为 1200 t 生活垃圾＋300 t 造纸废渣,厌氧发酵协同处理情况为 800 t 餐厨垃圾＋200 t 厨余垃圾,煤炭资源节约收入最高,生活垃圾焚烧发电厂协同处理情况为 1200 t 生活垃圾＋300 t 市政污泥、厌氧发酵协同处理情况为 800 t 餐厨垃圾＋200 t 厨余垃圾次之。

2) 内部环境收入

(1) 有机固废处理费补贴收入。

参考吴菲对有机固废处理费补贴的计算,取有机固废处理服务费单价 50 元/吨,循环经济产业园区所获得的有机固废处理费补贴收入计算公式如下:

$$R_2 = Q_1 \times P_1$$

式中:R_2 是有机固废补贴收入(元/天);Q_1 是循环经济产业园区有机固废处理量

(t/d)；P_1 是处理有机固废所获得的服务费用补贴(元/吨)。

垃圾焚烧发电厂有机固废处理规模为 1500 t/d,厌氧发酵有机固废处理规模为 1000 t/d,根据式(6-2)计算循环经济产业园补贴额为 125000 元/天。

(2)上网电价补贴收入。

参考 2017 年湖北省物价局对生活垃圾焚烧发电项目上网电价批复文件、2018 年湖北省发展和改革委员会关于仙桃市生活垃圾焚烧发电一期扩建项目上网电价的批复文件,上网电量按其入厂垃圾处理量折算,每吨生活垃圾折算上网电量 280 kW·h,上网电价执行全国统一垃圾发电标杆上网电价,即 0.65 元/千瓦时(含税)。参考 2019 年湖北省发展改革委关于新洲区 50 万蛋鸡养殖鸡粪能源化分布式发电等沼气发电项目上网电价的批复文件,沼气发电上网电价为 0.59 元/千瓦时(含税)。

循环经济产业园区生活垃圾焚烧发电厂所获得的上网电价补贴计算公式如下:

$$R_{3\text{-}1} = Q \times T \times P_2$$
$$R_{3\text{-}2} = H \times P_3$$
$$R_3 = R_{3\text{-}1} + R_{3\text{-}2}$$

式中:R_3 是循环经济产业园区上网电价补贴收入,元/天;$R_{3\text{-}1}$ 是生活垃圾焚烧发电厂上网电价补贴收入,元/天;Q 是入厂垃圾处理量,t/d;T 是垃圾折算上网电量,kW·h/t;P_2 是垃圾焚烧补贴价格,元/千瓦时;$R_{3\text{-}2}$ 是厌氧发酵沼气产电上网电价补贴收入,元/天;H 是发电量,kW·h/d;P_3 是厌氧发酵补贴价格,元/千瓦时。

垃圾焚烧发电厂有机固废处理规模为 1500 t/d,可获得上网电价补贴收入为 273000 元/天。

不同协同模拟场景下,循环经济产业园区单日上网电价补贴收入如表 6-6 所示。

表 6-6　单日上网电价补贴收入

项　　目	1#	2#	3#	4#	5#	6#
沼气上网电量/kW·h	261024	222528	196128	261024	222528	196128
沼气上网电价补贴收入/元	154004.2	131291.5	115715.5	154004.2	131291.5	115715.5
垃圾焚烧上网电价补贴收入/元	273000	273000	273000	273000	273000	273000
合计/元	427004.2	404291.5	388715.5	427004.2	404291.5	388715.5

注:研究过程中将有机固废焚烧发电上网电价等同于生活垃圾焚烧发电上网电价。

由表 6-6 可知,1# 至 6# 协同模拟场景下,循环经济产业园区因发电上网所带来的内部环境收入分别为 427004.2 元、404291.5 元、388715.5 元、427004.2 元、404291.5 元、388715.5 元。上网发电补贴收入随着厨余垃圾协同厌氧发酵占比的升高而降低。其中生活垃圾焚烧发电厂协同处理情况为 1200 t 生活垃圾＋300 t 造纸废渣（或 1200 t 生活垃圾＋300 t 市政污泥）、厌氧发酵协同处理情况为 800 t 餐厨垃圾＋200 t 厨余垃圾,煤炭资源节约收入最高。

　　3) 资源产出率计算

　　通过对不同协同模拟场景下环境收入进行计算,分别核算其内部环境收入和外部环境收入后得到总环境收入,结合园区物质流账户衡算,计算结果如表 6-7 所示。

表 6-7　不同协同模拟场景园区资源产出情况

项　目		1#	2#	3#	4#	5#	6#
内部环境收入	有机固废处理费补贴收入/(元/天)	125000.0	125000.0	125000.0	125000.0	125000.0	125000.0
	上网电价补贴收入/(元/天)	427004.2	404291.5	388715.5	427004.2	404291.5	388715.5
	污染气体减排收入/(元/天)	115345.3	114775.3	113795.3	111329.8	112763.3	111783.3
外部环境收入	土地资源节约收入/(元/天)	4987.5	4987.5	4987.5	4987.5	4987.5	4987.5
	煤炭资源节约收入/(元/天)	99898.7	94462.9	90811.8	100950.1	95518.6	91867.5
合计/(元/天)		772235.7	743517.2	723310.1	769271.6	742560.9	722353.8
资源产出率/(元/吨)		53.7	52.1	51.0	53.5	52.0	51.0

　　由表 6-7 可知,1#至 3#、4#至 6#循环经济产业园模式下,随着厨余垃圾协同厌氧占比的增加,园区收入总值降低,极差大于 48000 元/天,主要是上网电价补贴收入环节促使这样的结果;资源产出率降低约 5%;其中 1#模式下循环经济产业园收入总值、资源产出率最高。垃圾协同焚烧市政污泥时,生产总值略高于垃圾协同焚烧造纸废渣。综上所述,园区收运有机固废时可优先考虑市政污泥、餐厨垃圾。

　　2. 废弃物排放指标

　　一般情况下,没有资源化利用的废弃物会直接溢散在生态系统中,对生态系统造成不同程度的影响。因此,废弃物排放的多少直接关系到区域经济发展能否长远。结合双碳目标、园区实际情况以及模拟场景,选定了 SO_2 排放量、NO_x 排放量、CO_2 排放量三个指标,不同协同模拟场景下,循环经济产业园各废弃物排放情况如表 6-8 所示。

表 6-8 不同协同模拟场景园区废弃物排放情况

指 标	1#	2#	3#	4#	5#	6#
SO_2 排放量/t	5.0	5.0	5.0	4.9	4.8	4.8
NO_x 排放量/t	11.0	11.0	11.0	11.2	11.2	11.2
CO_2 排放量/t	1456.4	1462.1	1471.9	1485.1	1490.9	1500.7
污染气体排放总量/t	1472.4	1478.1	1487.9	1501.2	1506.9	1516.7

由表 6-8 可知,随着厨余垃圾协同厌氧发酵占比的增高,循环经济产业园区 CO_2 排放量增高,垃圾焚烧发电厂分别协同焚烧市政污泥与造纸废渣时,厌氧发酵从厨余垃圾协同占比 20% 增至 80%,CO_2 排放量分别增加了 15.5 t、15.6 t,SO_2、NO_x 排放量变化不大。从污染气体排放量结果可知,生活垃圾焚烧发电厂协同处理造纸废渣产生的 CO_2 比协同处理市政污泥多,生活垃圾焚烧发电厂协同焚烧市政污泥优于协同造纸废渣。

3. 循环指标

在生产过程中,总有一些物质资源生成产品的同时产生了一定数量的废弃物,通常情况下,部分废弃物可以在其他生产环节进行资源化利用,因此资源的循环利用状况是区域循环经济的核心,故选择资源循环利用率评价园区循环效率。

园区中可循环利用物质包括炉渣(外送制环保砖或者外送填埋处理)、厌氧发酵产生的沼渣(经干化后可投入焚烧炉进行燃烧处理)、高温蒸汽发电后产生的低温烟气(可利用其余热加热一次风或提供给厌氧发酵加热厌氧原料,加热后蒸汽可回收利用作为生产辅料),经计算,1# 至 6# 协同模拟场景下,资源循环率分别为 19.1%、19.2%、19.3%、18.8%、18.9%、19.0%。

各物质流评价指标如图 6-3 所示,不同协同模拟场景下,随着厨余垃圾协同占比的增加,资源产出率降低,降低约 5%;其中 1# 模式下资源产出率最高。垃圾协同市政污泥焚烧时,资源产出率略高于垃圾协同造纸废渣焚烧。

不同协同占比对资源循环指标评价值影响不大,可适当调整协同占比以适应有机固废协同之间的物质循环体系。

综上所述,生活垃圾焚烧发电厂协同市政污泥焚烧优于协同造纸废渣焚烧,厌氧发酵处理时,餐厨垃圾协同占比 80% 优于协同占比 20%。园区收运有机固废时可优先考虑市政污泥、餐厨垃圾,但应根据实际有机固废收料情况,灵活调节垃圾焚烧、厌氧发酵协同处理情况。

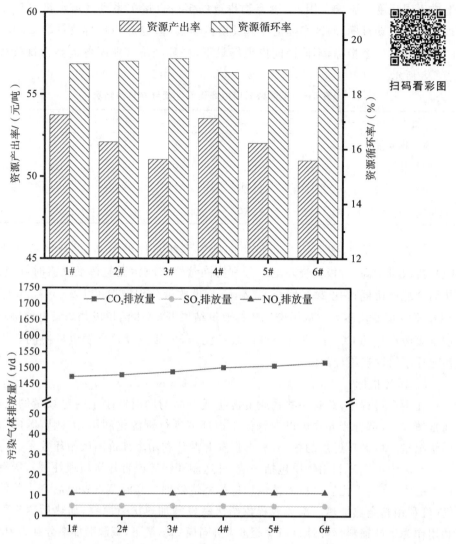

图 6-3　不同协同场景下循环经济产业园区各物质流指标

6.1.2　典型元素微观物质流

元素流分析方法广泛应用在生态环境领域,但目前元素流分析主要针对排放废气,其他状态排放物如废渣以及废水等并没有考虑其中,所以这就使得研究成果说服力不够,评估其对生态的破坏能力也会相对较轻。而现有园区物质流研究都是基于宏观层面,即使有学者对其内部机理开展了一些研究,也只是针对碳元素在整个生产过程中能耗的作用,而其他元素并没有进行分析。故循环经济产业园区元素流分析的侧重点在不同有机固废处理工艺上,建立基于垃圾焚烧、厌氧发酵 Aspen Plus 仿真模型,更深层次探究园区不同工序中碳、氮、硫元素的变化规律,从而保证从微观与宏观两个层面分析对园区排污的作用。通过研究国内外一些既有成果可以发现,很多学者采用的元素流分析方法也仅限于硫元素和氮元素,对于碳元素几乎没有探讨,而碳元素在整个生产过程中的比例非常大,它的流动对于整体环境的影响不言而喻,故应以碳、氮、硫元素污染物为研究重点,通过剖析三种元素的变迁以及对环境的作用来挖掘园区可能存在的排污风险。

6.1.2.1　园区元素物质流分析原理

园区垃圾焚烧、厌氧发酵中碳、氮、硫元素物质流分析原理可简化如图 6-4 所示。

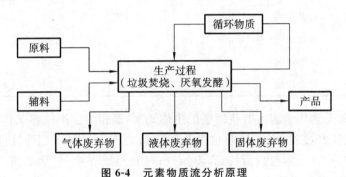

图 6-4　元素物质流分析原理

根据质量守恒定律:

$$M_{原料} + M_{辅料} = M_{废(g)} + M_{废(l)} + M_{废(s)} + M_{产品}$$

式中:$M_{原料}$、$M_{辅料}$、$M_{废(g)}$、$M_{废(l)}$、$M_{废(s)}$、$M_{产品}$ 分别代表原料、辅料、气体废弃物、液体废弃物、固体废弃物的质量,t。辅料主要包括气体辅料(一次风、二次风)、液体辅料(氨水、石灰水、调节剂、生产用水)。

根据式(6-6),碳、氮、硫元素分别满足式(6-7)、式(6-8)、式(6-9)。

$$T_{C_{原料}} + T_{C_{辅料}} = T_{C_{废(g)}} + T_{C_{废(l)}} + T_{C_{废(s)}} + T_{C_{产品}}$$

$$T_{N_{原料}} + T_{N_{辅料}} = T_{N_{废(g)}} + T_{N_{废(l)}} + T_{N_{废(s)}} + T_{N_{产品}}$$

$$T_{S_{原料}} + T_{S_{辅料}} = T_{S_{废(g)}} + T_{S_{废(l)}} + T_{S_{废(s)}} + T_{S_{产品}}$$

式中:T 指元素含量;C、N、S 代表碳元素、氮元素、硫元素。

原料、辅料、产物及废弃物折算为碳、氮、硫元素的方法如下:根据宏观物质流得到各原料的单耗量(制备单位产品消耗的原料质量),除以其分子量得到其物质的量,根据物质的量及分子中碳、氮、硫原子数计算出每种原料对应的碳、氮、硫投入量,其他输入、输出物质碳、氮、硫元素计算方法类似;对不含碳、氮、硫元素的物质,碳、氮、硫元素均计为 0。

6.1.2.2　取样及数据结果

有研究表明,生活垃圾的热值是一个衡量垃圾可燃性的重要参数,一般当垃圾热值大于 3700 kJ/kg 时,其燃烧可以不需要辅助燃料。垃圾原料采用孝感市某垃圾焚烧发电厂生活垃圾进料,经分析,其热值大于 3700 kJ/kg,且垃圾焚烧产生的蒸汽所含热能可用于厌氧发酵原料升温,垃圾焚烧、厌氧发酵沼气发电可满足园区自用,剩余部分可发电上网,故园区理论上不需添加辅助燃料。垃圾焚烧原料(包括生活垃圾、造纸废渣、市政污泥)、厌氧发酵原料(包括餐厨垃圾、厨余垃圾)等固相的样品元素测量结果如表 6-9 所示。在元素流分析时,生活垃圾、污泥、餐厨垃圾、厨余垃圾的元素组成取以下元素分析结果。

表 6-9　有机固废元素(干基)分析结果

工　艺	物　质	含水率/(%)	w_C/(%)	w_N/(%)	w_S/(%)
垃圾焚烧	生活垃圾	28.2	43.80	1.73	0.34
	造纸废渣	75.0	33.46	0.33	0.28
	市政污泥	65.2	16.69	2.79	0.33
厌氧发酵	餐厨垃圾	85.0	57.70	1.90	0.02
	厨余垃圾	87.0	45.02	6.50	4.92

　　碳、氮、硫元素作为园区有机固废的主体元素,既作为生产原料又作为能源为垃圾焚烧、厌氧发酵过程供能,同时也参与污染物的产生、流转。不同协同模拟场景下,输出物质分为产品,包括沼气、高温蒸汽;可利用废弃物,包括炉渣、厌氧发酵产生的沼渣、发电后高温蒸汽产生的低温烟气;污染物,包括液体污染物(脱硫废水、生产排放水、沼液、垃圾渗滤液)、气体污染物(CO_2、SO_2、NO_x),其中的碳、氮、硫元素含量不同。在园区主体物质流分析的基础上,根据各流股中物质组成及其碳、氮、硫元素含量,对系统碳、氮、硫元素流动情况进行分析,系统碳元素衡算如表 6-10、图6-5 所示,系统氮元素衡算如表 6-11、图 6-6 所示,系统硫元素衡算如表 6-12、图 6-7所示,不同协同模拟场景下物质、元素核算见表 6-13 至表 6-18。

表 6-10　园区碳元素流

类　型		碳元素含量/(t/d)					
		1#	2#	3#	4#	5#	6#
输入	有机固废	474.3	468.6	462.9	481.5	475.8	470.1
	生产辅料(气体)	0.0	0.0	0.0	0.0	0.0	0.0
	生产辅料(液体)	0.0	0.0	0.0	0.0	0.0	0.0
	合计	474.3	468.6	462.9	481.5	475.8	470.1
输出	炉渣	0.0	0.0	0.0	0.0	0.0	0.0
	生产排放水	24.0	22.2	20.6	24.0	22.2	20.0
	排放气体	403.7	402.5	401.7	410.9	409.7	409.5
	沼气	46.6	43.9	40.6	46.6	43.9	40.6
	合计	474.3	468.6	462.9	481.5	475.8	470.1

　　根据表 6-10、图 6-5 可知,造纸废渣协同焚烧场景下碳元素输入量高于市政污

泥协同焚烧场景,这是由于造纸废渣碳元素含量高于市政污泥;随着厨余垃圾协同占比增高,有机固废、生产排放水、沼气中碳元素含量降低,主要原因为厨余垃圾中碳元素含量低于餐厨垃圾;综合沼气碳元素含量、占比以及宏观物质流沼气产量,可推测低厨余垃圾占比协同厌氧发酵时,沼气中甲烷的含量更高,质量更佳。

从 1♯ 至 6♯ 场景,排放气体中碳元素含量、占比不断升高,说明协同造纸废渣焚烧、高厨余垃圾占比协同厌氧发酵场景会增加烟气排放量,增大环境压力。

扫码看彩图

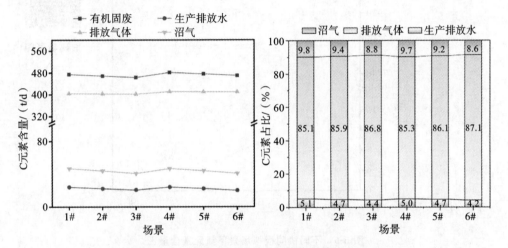

图 6-5　不同协同模拟场景下碳元素含量及占比图

注:各类占比计算数值详见表 6-13 至表 6-18 具体值。

表 6-11　园区氮元素流

类　　型	氮元素含量/(t/d)					
	1♯	2♯	3♯	4♯	5♯	6♯
有机固废	22.0	24.0	26.1	19.2	21.3	23.3
生产辅料(气体)	7800.5	7800.5	7800.5	7800.5	7800.5	7800.5
生产辅料(液体)	0.6	0.0	0.6	0.6	0.6	0.0
合计	7823.1	7824.5	7827.2	7820.3	7822.4	7823.8
炉渣	0.0	0.0	0.0	0.0	0.0	0.0
生产排放水	5.7	7.6	9.4	5.7	7.6	9.4
排放气体	7817.3	7816.8	7817.5	7814.5	7814.7	7814.2
沼气	0.2	0.2	0.3	0.2	0.2	0.3
合计	7823.2	7824.6	7827.2	7820.4	7822.5	7823.9

综上所述,生活垃圾协同市政污泥焚烧、低厨余垃圾占比协同厌氧发酵(1♯场景)下,碳元素转化效率更优。

根据表 6-11、图 6-6 可知,N 元素主要流向排放气体,总占比超过 99%,主要是因为垃圾焚烧需要大量空气,空气中 N_2 占比高,未发生反应的 N_2 直接通过烟气排出,少部分以 NO_x 形式流入排放气体,故 N 元素含量主要集中在排出烟气中。

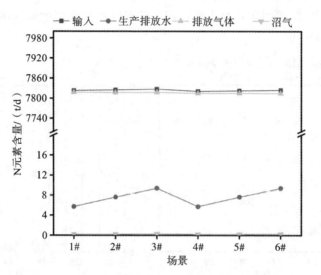

扫码看彩图

图 6-6　不同协同模拟场景下氮元素含量图

表 6-12　园区硫元素流

类　　型	硫元素含量/(t/d)					
	1♯	2♯	3♯	4♯	5♯	6♯
有机固废	4.8	7.0	9.2	4.6	6.8	9.0
生产辅料(气体)	0.0	0.0	0.0	0.0	0.0	0.0
生产辅料(液体)	0.0	0.0	0.0	0.0	0.0	0.0
合计	4.8	7.0	9.2	4.6	6.8	9.0
炉渣	0.0	0.0	0.0	0.0	0.0	0.0
生产排放水	2.1	2.8	3.5	2.1	2.8	3.5
排放气体	2.6	3.9	5.2	2.4	3.8	5.0
沼气	0.1	0.3	0.5	0.1	0.3	0.5
合计	4.8	7.0	9.2	4.6	6.9	9.0

沼气主要由 CH_4、CO_2 组成,只含有少部分 NH_3,故沼气中氮元素含量少。结合宏观物质流,随着厨余垃圾占比的增大,生产排放水量减少,但排放水中氮元素含

量增大,说明高厨余垃圾占比协同厌氧发酵时,更多的氮元素会流向排放水中,氮元素含量的升高,有可能致使水体富营养化,故加重了污水处理负荷,为降低氮元素的排放,需对废水加强治理。综上所述,低厨余垃圾占比协同厌氧发酵(1♯场景)下,氮元素转化效率更优。

根据表 6-12、图 6-7 可知,随着厨余垃圾协同占比增高,输入物质、生产排放水、排放气体、沼气中硫元素含量升高,主要原因为厨余垃圾中硫元素含量高于餐厨垃圾;沼气中含有更多的硫元素,说明生产的沼气中含有更多的 H_2S,会对金属管道、阀门和流量计产生一定的腐蚀作用;排放水中硫元素高会使水具有酸的性质,不利于后续污水综合处理。

扫码看彩图

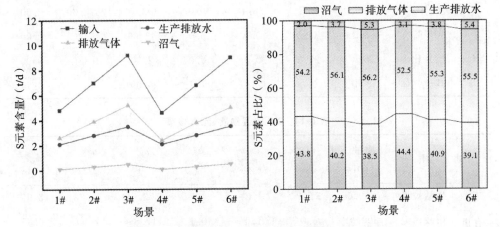

图 6-7　不同协同模拟场景下硫元素含量及占比图
注:各类占比计算数值详见表 6-13 至表 6-18 具体值。

协同造纸废渣焚烧场景下硫元素输入量与协同市政污泥焚烧场景硫元素输入量区别不大;在厨余垃圾同等占比下协同厌氧发酵,市政污泥协同焚烧场景下排放气体中硫元素占比高于造纸废渣协同焚烧场景,但硫元素含量差别不明显。综上所述,生活垃圾协同市政污泥焚烧、低厨余垃圾占比协同厌氧发酵(1♯场景)下,硫元素转化效率更优。

表 6-13　1♯园区物质、元素核算

物　　　质		质量 /(t/d)	w_C /(%)	w_N /(%)	w_S /(%)	m_C /t	m_N /t	m_S /t
有机 固废	生活垃圾	1200.0	31.1	1.2	0.2	373.66	14.73	2.93
	市政污泥	300.0	6.0	1.0	0.1	17.88	2.99	0.35
	餐厨垃圾	800.0	8.7	0.3	0.0	69.24	2.28	0.02
	厨余垃圾	200.0	6.8	1.0	0.7	13.51	1.95	1.48

续表

物　　质		质量 /(t/d)	w_C /(%)	w_N /(%)	w_S /(%)	m_C /t	m_N /t	m_S /t
生产辅料(气体)		10170.3	0.0	76.7	0.0	0.00	7800.50	0.00
生产辅料(液体)		1704.4	0.0	0.0	0.0	0.00	0.60	0.00
生产排放水	炉渣	319.8	0.0	0.0	0.0	0.00	0.00	0.00
	沼液	2235.8	1.1	0.3	0.0	24.02	5.62	0.50
	脱硫废液	10.9	0.2	0.4	14.3	0.02	0.05	1.56
	排放水	245.7	0.0	0.0	0.0	0.00	0.00	0.00
	排放气体	11485.0	3.5	68.1	0.0	403.70	7817.30	2.60
沼气	甲烷	58.3	75.0	0.0	0.0	43.69	0.00	0.00
	二氧化碳	10.6	27.3	0.0	0.0	2.90	0.00	0.00
	其他气体	8.6	0.0	2.4	1.7	0.00	0.20	0.14

表 6-14　2♯园区物质、元素核算

物　　质		质量 /(t/d)	w_C /(%)	w_N /(%)	w_S /(%)	m_C /t	m_N /t	m_S /t
有机固废	生活垃圾	1200.0	31.1	1.2	0.2	373.66	14.73	2.93
	市政污泥	300.0	6.0	1.0	0.1	17.88	2.99	0.35
	餐厨垃圾	500.0	8.7	0.3	0.0	43.27	1.43	0.01
	厨余垃圾	500.0	6.8	1.0	0.7	33.77	4.87	3.69
生产辅料(气体)		10170.3	0.0	76.7	0.0	0.00	7800.53	0.00
生产辅料(液体)		1604.4	0.0	0.0	0.0	0.00	0.00	0.00
生产排放水	炉渣	319.1	0.0	0.0	0.0	0.00	0.00	0.00
	沼液	2157.0	1.0	0.3	0.1	22.15	7.52	1.24
	脱硫废液	10.9	0.2	0.4	14.3	0.02	0.05	1.56
	排放水	245.7	0.0	0.0	0.0	0.00	0.00	0.00
	排放气体	11465.6	3.5	68.2	0.0	402.50	7816.80	3.90
沼气	甲烷	51.8	75.0	0.0	0.0	38.85	0.00	0.00
	二氧化碳	18.6	27.3	0.0	0.0	5.08	0.00	0.00
	其他气体	5.9	0.0	3.0	4.4	0.00	0.18	0.26

表 6-15　3♯园区物质、元素核算

物　　质		质量/(t/d)	w_C/(%)	w_N/(%)	w_S/(%)	m_C/t	m_N/t	m_S/t
有机固废	生活垃圾	1200.0	31.1	1.2	0.2	373.66	14.73	2.93
	市政污泥	300.0	6.0	1.0	0.1	17.88	2.99	0.35
	餐厨垃圾	200.0	8.7	0.3	0.0	17.31	0.57	0.01
	厨余垃圾	800.0	6.8	1.0	0.7	54.03	7.80	5.90
生产辅料(气体)		10170.3	0.0	76.7	0.0	0.00	7800.53	0.00
生产辅料(液体)		1504.4	0.0	0.0	0.0	0.00	0.60	0.00
生产排放水	炉渣	319.1	0.0	0.0	0.0	0.00	0.00	0.00
	沼液	2053.1	1.0	0.5	0.1	20.53	9.36	1.97
	脱硫废液	10.9	0.2	0.4	14.3	0.00	0.05	1.56
	排放水	245.7	0.0	0.0	0.0	0.00	0.00	0.00
排放气体		11465.6	3.5	68.2	0.0	401.75	7817.53	5.16
沼气	甲烷	43.8	75.0	0.0	0.0	32.83	0.00	0.00
	二氧化碳	28.4	27.3	0.0	0.0	7.74	0.00	0.00
	其他气体	8.0	0.0	3.5	6.1	0.00	0.28	0.49

表 6-16　4♯园区物质、元素核算

物　　质		质量/(t/d)	w_C/(%)	w_N/(%)	w_S/(%)	m_C/t	m_N/t	m_S/t
有机固废	生活垃圾	1200.0	31.1	1.2	0.2	373.66	14.73	2.93
	造纸废渣	300.0	8.4	0.1	0.1	25.10	0.25	0.21
	餐厨垃圾	800.0	8.7	0.3	0.0	69.24	2.28	0.02
	厨余垃圾	200.0	6.8	1.0	0.7	13.51	1.95	1.48
生产辅料(气体)		10170.3	0.0	76.7	0.0	0.00	7800.50	0.00
生产辅料(液体)		1704.4	0.0	0.0	0.0	0.00	0.60	0.00
生产排放水	炉渣	275.5	0.0	0.0	0.0	0.00	0.00	0.00
	沼液	2235.8	21.4	1.3	0.4	24.02	5.62	0.50
	脱硫废液	10.9	0.2	0.4	14.3	0.02	0.05	1.56
	排放水	245.7	0.0	0.0	0.0	0.00	0.00	0.00
排放气体		11529.3	3.6	67.8	0.0	410.90	7814.50	2.40

物　　质		质量 /(t/d)	w_C /(%)	w_N /(%)	w_S /(%)	m_C /t	m_N /t	m_S /t
沼气	甲烷	58.3	75.0	0.0	0.0	43.69	0.00	0.00
	二氧化碳	10.6	27.3	0.0	0.0	2.90	0.00	0.00
	其他气体	8.6	0.0	2.4	1.7	0.00	0.20	0.14

表 6-17　5#园区物质、元素核算

物　　质		质量 /(t/d)	w_C /(%)	w_N /(%)	w_S /(%)	m_C /t	m_N /t	m_S /t
有机固废	生活垃圾	1200.0	31.1	1.2	0.2	373.66	14.73	2.93
	造纸废渣	300.0	8.4	0.1	0.1	25.10	0.25	0.21
	餐厨垃圾	500.0	8.7	0.3	0.0	43.27	1.43	0.01
	厨余垃圾	500.0	6.8	1.0	0.7	33.77	4.87	3.69
生产辅料(气体)		10170.3	0.0	76.7	0.0	0.00	7800.50	0.00
生产辅料(液体)		1604.4	0.0	0.0	0.0	0.00	0.60	0.00
生产排放水	炉渣	274.9	0.0	0.0	0.0	0.00	0.00	0.00
	沼液	2157.0	20.8	1.9	1.1	22.15	7.52	1.24
	脱硫废液	10.9	0.2	0.4	14.3	0.02	0.05	1.56
	排放水	245.7	0.0	0.0	0.0	0.00	0.00	0.00
排放气体		11509.9	3.6	67.9	0.0	409.70	7814.70	3.80
沼气	甲烷	51.8	75.0	0.0	0.0	38.85	0.00	0.00
	二氧化碳	18.6	27.3	0.0	0.0	5.08	0.00	0.00
	其他气体	5.9	0.0	3.0	4.4	0.00	0.18	0.26

表 6-18　6#园区物质、元素核算

物　　质		质量 /(t/d)	w_C /(%)	w_N /(%)	w_S /(%)	m_C /t	m_N /t	m_S /t
有机固废	生活垃圾	1200.0	31.1	1.2	0.2	373.66	14.73	2.93
	造纸废渣	300.0	8.4	0.1	0.1	25.10	0.25	0.21
	餐厨垃圾	200.0	8.7	0.3	0.0	17.31	0.57	0.01
	厨余垃圾	800.0	6.8	1.0	0.7	54.03	7.80	5.90
生产辅料(气体)		10170.3	0.0	76.7	0.0	0.00	7800.50	0.00

续表

物　　　质	质量 /(t/d)	w_C /(%)	w_N /(%)	w_S /(%)	m_C /t	m_N /t	m_S /t
生产辅料(液体)	1504.4	0.0	0.0	0.0	0.00	0.00	0.00
炉渣	274.9	0.0	0.0	0.0	0.00	0.00	0.00
生产 排放 水 沼液	2053.1	20.2	0.4	1.8	19.95	9.36	1.97
脱硫废液	10.9	0.2	0.0	14.3	0.02	0.05	1.56
排放水	245.7	0.0	0.0	0.0	0.00	0.00	0.00
排放气体	11509.9	3.6	67.9	0.0	409.50	7814.20	5.00
甲烷	43.8	75.0	0.0	0.0	32.83	0.00	0.00
沼气 二氧化碳	28.4	27.3	0.0	0.0	7.74	0.00	0.00
其他气体	8.0	0.0	3.5	6.1	0.00	0.28	0.49

综合宏观、微观物质流分析可知,生活垃圾协同焚烧市政污泥、低厨余垃圾占比协同厌氧发酵情况下园区资源利用效率、环境效益更佳。但不同协同结果之间的差异性不大,可推测有机固废协同不会对系统本身造成颠覆性的物质流区别,对协同的来源有着极大的包容性和灵活性。生活垃圾焚烧协同处理30%的污泥、厌氧发酵综合利用餐厨垃圾、厨余垃圾既对系统本身运行影响较小,又处理了有机固废,降低了对环境的影响。

6.1.3　园区碳核算

一般情况下,园区碳排放主要分为直接碳排放(主要包括直接能源碳排放)和间接碳排放(主要包括购买电力、热力碳排放),碳足迹主要发生在收集运输过程、生产过程、资源化过程。结合千子山园区实际情况,碳排放评估的边界包括:①收集过程碳排放;②焚烧发电、厌氧发酵生产过程碳排放;③原料干化过程碳排放;④污水处理碳排放;⑤资源化碳减排。园区碳核算主要工艺包括焚烧发电、厌氧发酵以及干化过程,核算方法同 3.6.3、4.6..2.4、5.6.3。污水处理碳排放需要考虑 CH_4 和 N_2O 排放:

$$E_{CH_4} = K_{CH_4} \times \theta \times G_{CH_4}$$
$$E_{N_2O} = K_{N_2O} \times \rho \times G_{N_2O}$$

式中:E_{CH_4} 为污水处理过程产生的 CH_4 排放量(以 CO_2 当量计),kg/t;K_{CH_4} 为废水中需要降解的总物质量,t COD/d;θ 为 CH_4 排放系数,为 25 kg CH_4/(t COD);G_{CH_4} 为 CH_4 全球变暖潜势,取 25 kg/(kg CH_4);G_{N_2O} 为 N_2O 全球变暖潜势,取 298 kg/(kg N_2O)。E_{N_2O} 为污水处理过程产生的 N_2O 排放量(以 CO_2 当量计),kg/t;K_{N_2O} 为表示废水中氮总量,t/d;ρ 为 N_2O 排放系数,为 5 kg N_2O/t。

对 6 种园区协同场景进行模拟,并根据模拟结果核算碳排放,以探究园区低碳发展模式。

由图 6-8 可知,园区生产过程碳排放远超于其他过程,占总体碳排放量的(减排前)91.2%～92.3%。资源化过程碳减排中,焚烧发电过程占 37.8%～46.9%,厌氧发酵产甲烷过程占 53.1%～62.2%,厌氧发酵资源化碳减排贡献较大。1♯、2♯、4♯、5♯场景可实现园区 CO_2 负排放,其中 1♯场景与 4♯场景碳减排效果更佳,主要是因为厌氧发酵资源化碳减排贡献较大,且厌氧发酵过程中掺入高占比餐厨垃圾时,高有机负荷促进厌氧发酵甲烷化,产品资源化可抵消焚烧、厌氧发酵生产时的碳排放,可实现 38.8～42.6 kg CO_2/t 碳减排。

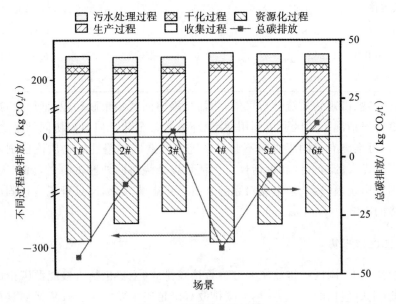

图 6-8　园区碳排放核算

6.2　产业园能量流分析

6.2.1　园区能量流账户

循环经济产业园区的主要能量来源有垃圾焚烧产生的蒸汽电能、厌氧发酵沼气产生的电能以及低温蒸汽产生的热能。其中,电力作为园区主要能源之一,对园区内所有产业都直接供给能量,为企业各方面的生产生活提供支撑。

模拟结果显示,1♯至 6♯协同模拟场景下产生电能为 2805656.0 MJ/d、2663802.3 MJ/d、2568762.3 MJ/d、2836406.4 MJ/d、2694677.2 MJ/d、2599637.2 MJ/d,分别占系统能耗的 13.8%、12.9%、12.5%、12.7%、12.0%、11.5%,即生活

垃圾协同市政污泥焚烧、低厨余垃圾占比协同厌氧发酵时更优。

其他损失主要由炉渣、排放气体、生产排放水、其他热损失组成。同一种污泥协同焚烧场景下排放气体带走能量占比差别不大,市政污泥协同焚烧场景下,排放气体带走能量占比小于造纸废渣协同焚烧场景;随着厨余垃圾协同厌氧发酵占比的增加,生产排放水带走能量增多,主要原因为高厨余垃圾占比协同厌氧发酵时,更多的能量流向沼液,故生产排放水带走能量增多;园区热损失(包括垃圾焚烧发电厂、厌氧发酵各处理模块反应器散热、发电后产生的低温烟气热损失以及沼气产电能量损失)占比最高,反应器散热量与生产设备相关,不在考虑范围内,其他热损失在1♯至6♯协同模拟场景下分别占系统能耗的 15.8%、14.7%、13.8%、14.3%、13.2%、12.5%,主要是因为低厨余垃圾占比协同厌氧发酵时,沼气产量高,故在同一发电模式下,沼气产电能量损失高。具体情况见表 6-19。

6.2.2　园区能效分析

为分析系统的能量效益,引入系统能效 η,其计算公式如下:

$$\eta = \frac{Q_{电} + Q_{循环}}{Q_{有机固废} + Q_{生产辅料}} \times 100\%$$

式中:$Q_{电}$ 为园区产生的电能;$Q_{循环}$ 为园区循环物质提供的能量,包括低温蒸汽提供的热能、化学能,沼渣提供的能量;$Q_{有机固废}$ 为有机固废,包括生活垃圾、污泥、餐厨垃圾、厨余垃圾的可利用能量;$Q_{生产辅料}$ 为园区需要输入的生产辅料,包括液体辅料、气体辅料;单位均为 MJ/d。

不同协同模拟场景下,循环经济产业园区能耗及能效如图 6-9 所示。模拟结果显示,垃圾焚烧协同处理造纸废渣时能耗高于协同处理 PAM 处理污泥,能耗增加了 1713000~2193000 MJ/d。

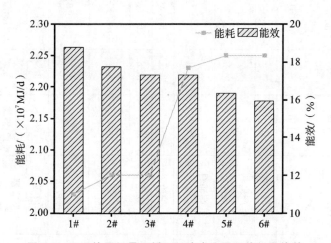

扫码看彩图

图 6-9　不同协同场景下循环经济产业园区能耗及能效

表 6-19 不同园区协同模拟场景能量流

物质流向	项 目	园区能量流											
		1#		2#		3#		4#		5#		6#	
		能量/(×10³ MJ/d)	占比/(%)	能量/(×10³ MJ/d)	占比/(%)	能量/(×10³ MJ/d)	占比/(%)	能量/(×10³ MJ/d)	占比/(%)	能量/(×10³ MJ/d)	占比/(%)	能量/(×10³ MJ/d)	占比/(%)
输入	有机固废	17014.9		17254.9		17254.9		18967.9		19207.9		19207.9	
	生产辅料（液体）	2.7		2.7		2.7		2.7		2.7		2.7	
	生产辅料（气体）	3323.7		3323.7		3323.7		3323.7		3323.7		3323.7	
输出	炉渣	403.2	2.0	402.3	2.0	402.4	2.0	347.4	1.6	346.6	1.5	346.6	1.5
	电能	2805.7	13.8	2663.8	12.9	2568.8	12.5	2836.4	12.7	2694.7	12.0	2599.6	11.5
	低温蒸汽（热损失）	1671.4	8.2	1699.5	8.3	1695.6	8.2	1640.7	7.4	1668.6	7.4	1664.7	7.4
	生产排放水	964.7	4.7	1549.5	7.5	1797.0	8.7	964.7	4.3	1549.5	6.9	1797.2	8.0
	排放气体	765.9	3.8	796.1	3.9	799.3	3.9	2525.2	11.3	2554.7	11.3	2557.9	11.4
	反应器热损失	12187.6	59.9	12154.7	59.0	12159.0	59.1	12437.1	55.8	12404.8	55.0	12409.1	55.1
	沼气产电热损失	1542.8	7.6	1315.4	6.4	1159.2	5.6	1542.8	6.9	1329.5	5.9	1159.2	5.1
	合计	20341.3	100.0	20581.3	100.0	20581.3	100.0	22294.3	100.0	22534.3	100.0	22534.3	100.0

　　系统能效随着厨余垃圾协同占比升高而降低,垃圾焚烧协同处理市政污泥时,能效整体高于协同处理造纸废渣。垃圾焚烧协同处理市政污泥且低厨余垃圾占比协同厌氧发酵可使系统能效提升2.9%。根据系统能耗、能效综合评价,1#循环经济产业园区协同情况为最好的耦合方式,其能量流如图6-10所示。

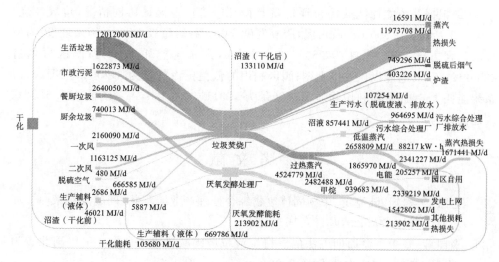

图6-10　1#循环经济产业园区能量流

　　生活垃圾焚烧发电厂协同处理情况为1200 t生活垃圾+300 t市政污泥,厌氧发酵处理情况为800 t餐厨垃圾+200 t厨余垃圾时,园区能耗最低,能效最高。系统能耗为20341316.36 MJ/d,产生电能为2805656.0 MJ/d,占比13.8%;根据对垃圾焚烧处理厂、厌氧发酵处理厂的调研,园区自用电量占总产电量的10%。循环经济产业园区在供给自身电能的同时,可以创造2339219 MJ/d电能以供发电上网。园区利用的低温蒸汽能量为669786.0 MJ/d,占比4.9%;循环利用物质沼渣能量为133110.0 MJ/d,占比0.6%,扣除干化排放的水蒸气能量,系统总能效为18.8%。

6.3　本章小结

　　循环经济产业园区宏观、微观物质流表明,市政污泥协同生活垃圾焚烧、厌氧发酵协同低占比厨余垃圾,园区资源利用效率、环境效益更佳。不同协同结果之间的差异性不大,推测有机固废协同不会对原有系统物质流结果造成巨大影响,协同处置存在较大的包容性和灵活性。

　　园区协同厌氧高占比餐厨垃圾实现了园区CO_2负排放,其中1#场景与4#场景碳减排效果更佳,主要是因为厌氧发酵资源化碳减排贡献较大,且高占比餐厨垃圾协同厌氧发酵时,高有机负荷促进厌氧发酵甲烷化,产品资源化可抵消焚烧、厌氧发酵生产时的碳排放,可实现38.8～42.6 kg CO_2/t碳减排。

能量流分析结果表明：

(1)垃圾焚烧协同处置造纸污泥时能耗大于协同处理 PAM 处理污泥，能耗增加了 8.3%～10.8%，园区系统能效随着餐厨垃圾协同厌氧发酵占比升高而升高，从餐厨垃圾占比 20% 升至 80%，能效升高 2.9%。

(2)根据系统能耗能效综合评价，1♯循环经济产业园区协同情况（垃圾焚烧：1200 t 生活垃圾＋300 t 市政污泥，厌氧发酵：800 t 餐厨垃圾＋200 t 厨余垃圾）为最好的耦合方式，产生电能为 2805656.0 MJ/d，占系统能耗 13.8%；园区可创造 2339219 MJ/d 电能以供发电上网；园区利用的低温蒸汽能量为 317582.0 MJ/d，占系统能耗 1.6%；循环利用物质沼渣能量为 133110.0 MJ/d，占系统能耗 0.6%，系统总能效为 15.5%。

参 考 文 献

[1] 赵曦,吴姗姗,陆克定.中国固体废物综合处理产业园现状、问题及对策[J].环境科学与技术,2020,43(8):163-171.

[2] 黄凯葳.基于生命周期方法的农村生活垃圾碳减排潜力研究——以湖北省为例[D].武汉:华中农业大学,2022.

[3] 代旭虹.基于碳足迹评估的工业园区低碳发展模式的研究与实证[D].厦门:厦门大学,2014.

[4] 张昊旻.废弃生活垃圾填埋场土地再利用研究[D].重庆:西南大学,2015.

[5] 吴菲,王湛.基于物质流成本会计法的环境收入计量——以 HY 市生活垃圾焚烧发电厂为例[J].财会月刊,2018(24):91-97.

[6] 郜晔昕.我国煤炭发电的外部成本研究[D].广州:华南理工大学,2012.